大学数学系列丛书

概率论与数理统计
难点解析与一题多解

桂文豪　郭　蕾　编著

清华大学出版社
北京交通大学出版社
·北京·

内 容 简 介

本书是根据编者多年的教学经验编写而成的，是与"概率论与数理统计"课程相配套的学习辅导用书。

本书主要内容包括随机事件与概率、随机变量及其分布、随机变量的数字特征、多维随机变量及其分布、大数定律与中心极限定理、统计量及其分布、参数估计、假设检验、方差分析与回归分析。本书通过详尽的难点解析以及灵活的一题多解，深入挖掘题目背后的内涵和关系，帮助读者进一步提高概率论与数理统计的解题能力。

本书可作为高等院校理工科各专业本科生的概率论与数理统计课程的辅助用书，也可供工程技术人员、科技工作者参考。

图书在版编目（CIP）数据

概率论与数理统计难点解析与一题多解／桂文豪，郭蕾编著. —北京：北京交通大学出版社：清华大学出版社，2022.7

ISBN 978-7-5121-4458-3

Ⅰ. ①概… Ⅱ. ①桂… ②郭… Ⅲ. ①概率论-高等学校-教学参考资料②数理统计-高等学校-教学参考资料 Ⅳ. ①O21

中国版本图书馆 CIP 数据核字（2021）第 085916 号

责任编辑：严慧明

出版发行：清华大学出版社　　邮编：100084　　电话：010-62776969　　http://www.tup.com.cn
　　　　　北京交通大学出版社　邮编：100044　　电话：010-51686414　　http://www.bjtup.com.cn
印 刷 者：北京鑫海金澳胶印有限公司
经　　销：全国新华书店
开　　本：185 mm×260 mm　　印张：10　　字数：250 千字
版 印 次：2022 年 7 月第 1 版　　2022 年 7 月第 1 次印刷
定　　价：29.90 元

本书如有质量问题，请向北京交通大学出版社质监组反映。对您的意见和批评，我们表示欢迎和感谢。
投诉电话：010-51686043，51686008；传真：010-62225406；E-mail：press@bjtu.edu.cn。

前　言

　　"概率论与数理统计"是高等院校一门重要的基础课程，它的理论和方法广泛应用于后续课程以及实际问题中。编者在教学过程中，经常收到学生反映说该门课程缺少合适的辅导书，导致他们知其然不知其所以然，以致对概率统计理论的掌握难以进一步提高。

　　采用多种方法解决同一道题目，可以引导和启发学生对概率统计问题从各种不同的知识侧面、不同的层次、不同的角度以不同的思维方式进行广泛和深入的探索与求解，比较各种解法的特点，挖掘题目和解法背后的规律和联系，从而增强学生解题的灵活性，克服单纯做题的呆板模式。

　　一题多解是一种很好的训练方式和学习思路，避免了那种仅仅会考试或偏重理论学习的现象发生，有助于锻炼学生解决具体问题的能力。

　　本书力求主线清晰，重点突出，体系完整，和教材相辅相成，便于学生学习。在知识体系方面，本书注重归纳共性和总结规律，增加章节之间的内在联系，使读者对知识的掌握更加系统，从而提高解决实际问题的技能。在习题讲解中，本书不是简单地给出答案，而是注重分析过程，并对题目涉及的知识点进行认真点评，启发和引导学生深入思考，促进学生更好地掌握解题方法和技巧。

　　另外，编者注重对习题的进一步开发和挖掘，强调概率统计与微积分、几何代数、经济学、工程学等其他学科之间的横向联系，丰富学生学习的内容，提高学生解决实际问题的能力，扩大课程的影响力。本书在写作过程中，部分题目参考了网络资料，在此表示感谢。

　　本书是编者在教学改革中的一种新的探索和尝试，肯定会有不妥或不完善的地方，望广大读者给予批评指正，欢迎提出宝贵意见和建议。

编者

2021 年 4 月

目　　录

第1章 随机事件与概率

1. 已知 10 只晶体管中有 2 只次品，在其中取两次，每次随机取 1 只，做不放回抽样，求下列事件的概率：

  (1) 2 只都是正品（记为事件 A）；

  (2) 2 只都是次品（记为事件 B）；

  (3) 1 只是正品，1 只是次品（记为事件 C）。

解：(1) **方法一**：组合法，在 10 只中任意取 2 只来组合，每一个组合看作是一个基本结果，每种取法等可能，则

$$P(A) = \frac{C_8^2}{C_{10}^2} = \frac{28}{45}$$

方法二：排列法，在 10 只中任意取 2 只来排列，每一个排列看作是一个基本结果，每个排列等可能，则

$$P(A) = \frac{A_8^2}{A_{10}^2} = \frac{28}{45}$$

方法三：用事件的运算和概率计算法则来做，用 A_1，A_2 分别表示第一、二次取得正品，则

$$P(A) = P(A_1 A_2) = P(A_1) P(A_2 \mid A_1) = \frac{8}{10} \times \frac{7}{9} = \frac{28}{45}$$

(2) **方法一**：$P(B) = \dfrac{C_2^2}{C_{10}^2} = \dfrac{1}{45}$

方法二：$P(B) = \dfrac{A_2^2}{A_{10}^2} = \dfrac{1}{45}$

方法三：$P(B) = P(\bar{A}_1 \bar{A}_2) = P(\bar{A}_1) P(\bar{A}_2 \mid \bar{A}_1) = \dfrac{2}{10} \times \dfrac{1}{9} = \dfrac{1}{45}$

(3) **方法一**：$P(C) = \dfrac{C_8^1 \times C_2^1}{C_{10}^2} = \dfrac{16}{45}$

方法二：$P(C) = \dfrac{(C_8^1 \times C_2^1) \times A_2^2}{A_{10}^2} = \dfrac{16}{45}$

2. 某商店销售 10 台电冰箱，其中 7 台为一级品，3 台为二级品。当某人到商店时，电冰箱已被卖出 2 台，求此人买到一级品的概率。

解：这类应用问题的解题关键是分析它的概率模型，一个具体问题有时可以看成多种概率模型，下面用 3 种概率模型求解这个问题。

方法一：全概率模型。设 A 为此人能买到一级品，B_k 为卖出的 2 台中有 k 台一级品，其中 $k=0,1,2$，$\{B_k\}$ 为完备事件组，A 是其中的一个事件。由全概率公式有

$$P(A) = \sum_{k=0}^{2} P(B_k)P(A \mid B_k)$$

其中

$$P(B_0) = \frac{C_3^2}{C_{10}^2} = \frac{1}{15}, \qquad P(A \mid B_0) = \frac{7}{8}$$

$$P(B_1) = \frac{C_7^1 C_3^1}{C_{10}^2} = \frac{7}{15}, \qquad P(A \mid B_1) = \frac{6}{8}$$

$$P(B_2) = \frac{C_7^2}{C_{10}^2} = \frac{7}{15}, \qquad P(A \mid B_2) = \frac{5}{8}$$

所以

$$P(A) = \frac{1}{15} \times \frac{7}{8} + \frac{7}{15} \times \frac{6}{8} + \frac{7}{15} \times \frac{5}{8} = 0.7$$

方法二：视为抓阄问题。由于此人抽到一级品的概率与第几次抽到一级品无关，即可以将本问题看成是抓阄问题，与顺序无关，即每个人买到一级品的概率相同，所以

$$P(A_3) = P(A_1) = \frac{7}{10} = 0.7$$

A_3 表示第 3 次买到一级品，A_1 表示第 1 次买到一级品。

方法三：此题可以看成是 3 次不放回的随机抽取，则此人买到一级品可看成是第 3 次抽到一级品。设 A_i 为第 i 次抽到一级品 $(i=1,2,3)$，则

$$A_3 = A_1 A_2 A_3 \cup A_1 \bar{A}_2 A_3 \cup \bar{A}_1 A_2 A_3 \cup \bar{A}_1 \bar{A}_2 A_3$$

$$P(A_3) = P(A_1 A_2 A_3) + P(A_1 \bar{A}_2 A_3) + P(\bar{A}_1 A_2 A_3) + P(\bar{A}_1 \bar{A}_2 A_3)$$

$$= P(A_1)P(A_2 \mid A_1)P(A_3 \mid A_1 A_2) + P(A_1)P(\bar{A}_2 \mid A_1)P(A_3 \mid A_1 \bar{A}_2) +$$

$$P(\bar{A}_1)P(A_2 \mid \bar{A}_1)P(A_3 \mid \bar{A}_1 A_2) + P(\bar{A}_1)P(\bar{A}_2 \mid \bar{A}_1)P(A_3 \mid \bar{A}_1 \bar{A}_2)$$

$$= \frac{7}{10} \times \frac{6}{9} \times \frac{5}{8} + \frac{7}{10} \times \frac{3}{9} \times \frac{6}{8} + \frac{3}{10} \times \frac{7}{9} \times \frac{6}{8} + \frac{3}{10} \times \frac{2}{9} \times \frac{7}{8}$$

$$= 0.7$$

✎ **3.** 50 个铆钉随机地取来用在 10 个部件上，其中有 3 个铆钉强度太弱。每个部件用 3 个铆钉，若将 3 个强度太弱的铆钉装在同一个部件上，则这个部件强度就太弱。求发生一个部件强度太弱的概率是多少？

解：**方法一**：随机试验是从 50 个铆钉中任取 3 个，共有 C_{50}^3 种取法，而发生"一个部件强度太弱"这一事件只有 C_3^3 种取法，所以发生"某一部件强度太弱"的概率为

$$p_i = \frac{C_3^3}{C_{50}^3} = \frac{1}{19\,600}$$

而 10 个部件发生"强度太弱"这一事件是等可能的，所以所求概率为

$$p = \sum_{i=1}^{10} p_i = \frac{1}{1\,960}$$

方法二：样本空间的样本点数为 C_{50}^3，而要想发生"一个部件强度太弱"这一事件，则必须将 3 个强度太弱的铆钉同时取来，并放在一个部件上，共有 $C_3^3 C_{10}^1$ 种情况，所以发生

"一个部件强度太弱"这一事件的概率为

$$p = \frac{C_3^3 C_{10}^1}{C_{50}^3} = \frac{1}{1\,960}$$

4. n 个人随机围一圆桌而坐，求甲、乙二人之间恰好间隔 r 个人的概率。

解：方法一： 随机试验，考虑 n 个人的坐法。

由于 n 个人坐法完全任意，可看作 n 个不同元素的全排列，故样本空间 Ω 含有 $n!$ 个样本点。而事件 $A=\{$甲、乙二人之间恰好间隔 r 个人$\}$ 所含的样本点数可以这样考虑：第一步，甲先坐，有 n 种坐法；第二步，乙与甲间隔 r 个人，有顺时针和逆时针 2 种坐法；第三步，考虑剩下的 $(n-2)$ 个人，可任意坐，有 $(n-2)!$ 种坐法。根据乘法原理，事件 A 共有 $n \cdot 2 \cdot (n-2)!$ 个样本点。所以所求概率为

$$P(A) = \frac{n \cdot 2 \cdot (n-2)!}{n!} = \frac{2}{n-1}$$

方法二： 随机试验，只考虑甲、乙二人的坐法。

甲、乙二人坐法完全任意，共有 $n(n-1)$ 种坐法，故样本空间 Ω 含有 $n(n-1)$ 个样本点。而事件 $A=\{$甲、乙二人之间恰好间隔 r 个人$\}$ 所含的样本点数可以这样考虑：第一步，甲先坐，有 n 种坐法；第二步，乙与甲间隔 r 个人，有顺时针和逆时针 2 种坐法。根据乘法原理，事件 A 共有 $2n$ 个样本点。所以所求概率为

$$P(A) = \frac{2n}{n(n-1)} = \frac{2}{n-1}$$

方法三： 随机试验，只考虑乙的坐法（假定甲已在某个座位上坐好）。

由于甲已坐好，乙共有 $(n-1)$ 种坐法，故样本空间 Ω 含有 $(n-1)$ 个样本点。乙与甲间隔 r 个人，有顺时针和逆时针 2 种坐法。事件 A 共有 2 个样本点。所以所求概率为

$$P(A) = \frac{2}{n-1}$$

方法四： 随机试验，只考虑甲、乙之间间隔的人数（先考虑顺时针）。

甲、乙之间间隔的人数可以是 $0,1,2,\cdots,n-2$，共 $(n-1)$ 种情况，故样本空间 Ω 含有 $(n-1)$ 个样本点。二人之间间隔 r 个人仅是样本空间的一个样本点。

本题须考虑顺时针和逆时针两种情况，所以所求概率为

$$P(A) = \frac{1}{n-1} \cdot 2 = \frac{2}{n-1}$$

5. 从 5 双不同的鞋子中任取 4 只，求这 4 只鞋子中至少有 2 只配成一双的概率。

解： 记 $\Omega=\{$从 5 双不同的鞋子中任取 4 只$\}$，事件 $A=\{$所取 4 只鞋子中至少有 2 只配成一双$\}$，则 $\overline{A}=\{$所取 4 只鞋子无配对$\}$。

方法一： 随机试验，考虑 4 只鞋子是有次序地一只一只被取出的。

有次序地从 10 只鞋子中取 4 只，共有 $10\times9\times8\times7$ 种取法，故样本空间 Ω 含有样本点个数 $N(\Omega)=10\times9\times8\times7$。考虑事件 $\overline{A}$，第一只可以任意取，共 10 种取法；第二只只能在剩下的 9 只且除去可与已取的第一只配对的鞋子中取，共 8 种取法；同理，第三、四只各有 6 种、

4 种取法，故事件 $\overline{A}$ 含有样本点个数 $N(\overline{A}) = 10 \times 8 \times 6 \times 4$。所以所求概率为

$$P(A) = 1 - P(\overline{A}) = 1 - \frac{N(\overline{A})}{N(\Omega)} = 1 - \frac{10 \times 8 \times 6 \times 4}{10 \times 9 \times 8 \times 7} = \frac{13}{21}$$

方法二：随机试验，考虑 4 只鞋子是没有次序地被取出的。

无次序地从 10 只鞋子中取 4 只，共有 C_{10}^4 种取法，故样本空间 Ω 含有样本点个数 $N(\Omega)$ $= C_{10}^4$。考虑事件 $\overline{A}$，先从 5 双鞋子中任取 4 双，共有 C_5^4 种取法；再从取出的每双鞋子中各取 1 只（从一双鞋子中取 1 只有 2 种取法），共有 2^4 种取法。故事件 $\overline{A}$ 含有样本点个数 $N(\overline{A}) = C_5^4 \times 2^4$。所以所求概率为

$$P(A) = 1 - P(\overline{A}) = 1 - \frac{N(\overline{A})}{N(\Omega)} = 1 - \frac{C_5^4 \times 2^4}{C_{10}^4} = \frac{13}{21}$$

方法三：随机试验，考虑 4 只鞋子是没有次序地被取出的。

无次序地从 10 只鞋子中取 4 只，共有 C_{10}^4 种取法，故样本空间 Ω 含有样本点个数 $N(\Omega)$ $= C_{10}^4$。求 $N(\overline{A})$：先从 5 只左脚鞋子中任取 k 只（$k = 0, 1, 2, 3, 4$），有 C_5^k 种取法；剩下的 $(4 - k)$ 只鞋子只能从不能与上述所取的鞋子配对的 $(5 - k)$ 只右脚鞋子中选取，即对于每个固定的 k，有 $C_5^k C_{5-k}^{4-k}$ 种取法。故事件 $\overline{A}$ 含有样本点个数 $N(\overline{A}) = \sum_{k=0}^{4} C_5^k C_{5-k}^{4-k} = 80$。所以有

$$P(A) = 1 - P(\overline{A}) = 1 - \frac{N(\overline{A})}{N(\Omega)} = 1 - \frac{80}{C_{10}^4} = \frac{13}{21}$$

方法四：随机试验，考虑 4 只鞋子是没有次序地被取出的。

无次序地从 10 只鞋子中取 4 只，共有 C_{10}^4 种取法，故样本空间 Ω 含有样本点个数 $N(\Omega)$ $= C_{10}^4$。记事件 $A_i = \{$所取 4 只鞋子恰能配成 i 双$\}$，则 $A = A_1 \cup A_2$，$A_1 \cap A_2 = \varnothing$，$P(A) = P(A_1)$ $+ P(A_2)$。

求 $N(A_2)$：可看作从 5 只鞋子中成双地取 2 双，有 C_5^2 种取法，即 $N(A_2) = C_5^2 = 10$。

求 $N(A_1)$：先从 5 只鞋子中成双地取 1 双，有 C_5^1 种取法；另外 2 只从其他 8 只中取，有 C_8^2 种取法，不过这种取法将成双的也算在内了，应去掉，故 $N(A_1) = C_5^1 \times (C_8^2 - C_4^1) = 120$。所以有

$$P(A) = P(A_1) + P(A_2) = \frac{N(A_1) + N(A_2)}{N(\Omega)} = \frac{120 + 10}{210} = \frac{13}{21}$$

✎ **6.** 袋中有 a 个白球，b 个黑球，从中不放回地任意把球一个个摸出来，求第 k（$1 \leqslant k \leqslant a+b$）次摸出白球的概率。

解：**方法一**：用排列方法求解，把 $a+b$ 个球都摸完。

将这些球看作是彼此不同的，记随机试验：把 $a+b$ 个球逐个摸出后依次排列在一条直线的 $a+b$ 个位置上，故样本空间 Ω 含有样本点个数 $N(\Omega) = (a+b)!$。记事件 $A = \{$第 k 次摸到白球$\}$，则第 k 次摸到白球有 a 种摸法，另外 $a+b-1$ 个球有 $(a+b-1)!$ 种摸法，所以所求概率为

$$P(A) = \frac{N(A)}{N(\Omega)} = \frac{a(a+b-1)!}{(a+b)!} = \frac{a}{a+b}$$

方法二：用组合方法求解，把 $a+b$ 个球都摸完。

将这些球看作是彼此不同的，记随机试验：把 $(a+b)$ 个球逐个摸出后依次排列在一条直线的 $(a+b)$ 个位置上，因为若把所有白球的位置固定下来，其余位置必放黑球，故样本空间 Ω 含有样本点个数 $N(\Omega)=\mathrm{C}_{a+b}^a\mathrm{C}_b^b=\mathrm{C}_{a+b}^a$。记事件 $A=\{$第 k 次摸到白球$\}$，则第 k 次摸到白球有 1 种摸法，另外 $(a-1)$ 个白球可在其余 $(a+b-1)$ 个球中任取，故 $N(A)=\mathrm{C}_{a+b-1}^{a-1}$，所以所求概率为

$$P(A)=\frac{N(A)}{N(\Omega)}=\frac{\mathrm{C}_{a+b-1}^{a-1}}{\mathrm{C}_{a+b}^a}=\frac{a}{a+b}$$

方法三： 用排列方法求解，只摸 k 个球。

将这些球看作是彼此不同的，记随机试验：把 k 个球逐个摸出后依次排列在一条直线的 $(a+b)$ 个位置上，故样本空间 Ω 含有样本点个数 $N(\Omega)=\mathrm{A}_{a+b}^k$。记事件 $A=\{$第 k 次摸到白球$\}$，则第 k 次摸到白球有 a 种摸法，另外前 $(k-1)$ 个球有 A_{a+b-1}^{k-1} 种摸法，所以所求概率为

$$P(A)=\frac{N(A)}{N(\Omega)}=\frac{a\mathrm{A}_{a+b-1}^{k-1}}{\mathrm{A}_{a+b}^k}=\frac{a}{a+b}$$

方法四： 用排列方法求解，只考虑第 k 次摸球。

将这些球看作是彼此不同的并标号，记随机试验：第 k 次被摸到的球的号数。显然，任何一个球都等可能地在第 k 次被摸到，故摸法总数即样本空间样本点个数 $N(\Omega)=a+b$，而事件 A 所包含的摸法有 a 种，所以所求概率为

$$P(A)=\frac{N(A)}{N(\Omega)}=\frac{a}{a+b}$$

方法五： 用数学归纳法求解。

记事件 $A_i=\{$第 i 次摸到白球 $(i=1,2,\cdots,k)\}$，则

$$P(A_1)=\frac{a}{a+b},\ \ P(\bar{A}_1)=\frac{b}{a+b}$$

假设 $P(A_i)=\dfrac{a}{a+b}$，现证 $P(A_{i+1})=\dfrac{a}{a+b}$。由全概率公式有

$$P(A_{i+1})=P(A_1)P(A_{i+1}\,|\,A_1)+P(\bar{A}_1)P(A_{i+1}\,|\,\bar{A}_1)$$

由于 $P(A_{i+1}\,|\,A_1)$ 表示从有 $(a+b-1)$ 个球的袋中［其中有 $(a-1)$ 个白球］第 i 次摸到白球的概率，由归纳假设有 $P(A_{i+1}\,|\,A_1)=\dfrac{a-1}{a+b-1}$，同理有 $P(A_{i+1}\,|\,\bar{A}_1)=\dfrac{a}{a+b-1}$。

所以有 $P(A_{i+1})=P(A_1)P(A_{i+1}\,|\,A_1)+P(\bar{A}_1)P(A_{i+1}\,|\,\bar{A}_1)=\dfrac{a}{a+b}$，这表示每次摸到白球的概率都是 $\dfrac{a}{a+b}$。

---

7. 甲、乙、丙三人进行比赛，规定每局两个人比赛，双方获胜的概率都是 0.5，胜者再与第三人进行比赛，依次循环，直到有一人连胜两局为止，此人即为优胜者。现假定甲、乙两人先比，求各人获得优胜者的概率。

解：方法一： 设甲、乙、丙为整场比赛的优胜者分别为事件 A，B，C，记甲、乙、丙第 i 局获胜为事件 A_i，B_i，C_i，甲胜第一局为 $A_1=D$，则有 $A\subset(D\cup\bar{D})$，由全概率公式有

$$P(A) = P(D)P(A \mid D) + P(\overline{D})P(A \mid \overline{D}) = \frac{1}{2} \left[P(A \mid D) + P(A \mid \overline{D}) \right]$$

考虑 $P(A \mid D)$，甲已胜第一局，甲要最终获胜则必须甲胜第二局或者甲输了第二局后再获优胜，后一种情况与甲输了第一局后再获优胜完全一样。

$$P(A \mid D) = P(A_2 \cup \overline{A_2}A) = P(A_2) + P(\overline{A_2}A) = P(A_2) + P(\overline{A_2})P(A \mid \overline{A_2})$$

$$= P(A_2) + P(\overline{A_2})P(A \mid \overline{D}) = \frac{1}{2} \left[1 + P(A \mid \overline{D}) \right]$$

考虑 $P(A \mid \overline{D})$，甲已输第一局，甲要最终获胜则必须丙胜第二局，甲胜第三局后再获优胜的概率也就是 $P(A \mid D)$，因此 $P(A \mid \overline{D}) = \frac{1}{2} \cdot \frac{1}{2} \cdot P(A \mid D)$。

解得 $P(A \mid D) = \frac{4}{7}$，$P(A \mid \overline{D}) = \frac{1}{7}$，$P(A) = \frac{5}{14} = P(B)$。

丙要成为优胜者必须赢得第二局，然后再争最后优胜，而丙胜第二局后再争优胜的概率也是 $P(A \mid D)$，故 $P(C) = \frac{P(A \mid D)}{2} = \frac{2}{7}$。

方法二：

$$P(C) = P \left[(A_1C_2C_3 \cup A_1C_2B_3A_4C_5C_6 \cup \cdots) \cup (B_1C_2C_3 \cup B_1C_2A_3B_4C_5C_6 \cup \cdots) \right]$$

$$= 2 \times \left(\frac{1}{2^3} + \frac{1}{2^6} + \frac{1}{2^9} + \cdots \right) = \frac{1}{4} \times \frac{1}{1 - 1/8} = \frac{2}{7}$$

$$P(A) = P(B) = \frac{1}{2} \times \left(1 - \frac{2}{7} \right) = \frac{5}{14}$$

方法三：

$$P(A) = \left[P(A_1A_2) + P(A_1C_2B_3A_4A_5) + \cdots \right] + \left[P(B_1C_2A_3A_4) + P(B_1C_2A_3B_4C_5A_6A_7) + \cdots \right]$$

$$= \frac{1}{4} \times \left(1 + \frac{1}{2^3} + \frac{1}{2^6} + \cdots \right) + \frac{1}{16} \times \left(1 + \frac{1}{2^3} + \frac{1}{2^6} + \cdots \right) = \frac{5}{16} \times \frac{1}{1 - 1/8} = \frac{5}{14} = P(B)$$

$$P(C) = 1 - P(A) - P(B) = \frac{2}{7}$$

方法四（类似方法二）：

$$P(C_i) = \frac{1}{4} \times \left(\frac{1}{8} \right)^{i-1}, \quad i = 1, 2, \cdots$$

$$P(C) = P \left(\bigcup_{i=1}^{\infty} C_i \right) = \sum_{i=1}^{\infty} C_i = \frac{1}{4} \times \frac{1}{1 - 1/8} = \frac{2}{7}$$

$$P(A) = P(B) = \frac{1}{2} \times \left(1 - \frac{2}{7} \right) = \frac{5}{14}$$

方法五：该比赛从第二局开始相当于以如下的比赛方式循环，直到优胜者产生。不妨定义在某一局比赛前：1 号位为上一场的胜者，2 号位为上一场轮空者，3 号位为上一场的负者。并设该局开始前三个位置上的选手成为比赛优胜者的概率分别为 p_1, p_2, p_3，在该局比赛中，若 1 号位选手获胜，则其赢得整场比赛；若 1 号位选手告负，则其将处于下局的 3 号位上；而本局的 3 号位选手将处于下局的 2 号位上，本局的 2 号位选手将处于下局的 1 号位上。综上所述，可得线性方程组

$$\begin{cases} p_1+p_2+p_3=1 \\ p_1=2p_2 \\ p_2=2p_3 \end{cases}$$

解得 $p_2=\dfrac{2}{7}$。无论第一局比赛结果如何，丙都将处于 2 号位上，故

$$P(C)=\frac{2}{7}$$

$$P(A)=P(B)=\frac{1}{2}\times\left(1-\frac{2}{7}\right)=\frac{5}{14}$$

8. 某同学有 5 本课外书，每天随机取一本阅读，且不同天可能会选择同一本书继续看，求问第四天该同学取来看的书是新书的概率是多少？

解：方法一：排列组合思想。

每天可以选择 5 本书中的任意一本，四天全部的可能情况有 5^4 种。

若前三天只看了同一本书且第四天看的是新书，则可能的情况有 $C_5^1\times4$ 种；若前三天看了两本书且第四天看的是新书，则可能的情况有 $C_3^1A_5^2\times3$ 种；若前三天看了三本不同的书且第四天看的是新书，则可能的情况有 $A_5^3\times2$ 种。

由此，第四天看的是新书的概率为 $P=\dfrac{C_5^1\times4+C_3^1A_5^2\times3+A_5^3\times2}{5^4}=\dfrac{64}{125}$

方法二：用枚举法的思想，可列举出每天抽取新书和旧书的概率，得到以下表格。

第一天		第二天		第三天		第四天	
新	1	新	$\frac{4}{5}$	新	$\frac{3}{5}$	新	2/5
						旧	3/5
				旧	$\frac{2}{5}$	新	3/5
						旧	2/5
		旧	$\frac{1}{5}$	新	$\frac{4}{5}$	新	3/5
						旧	2/5
				旧	$\frac{1}{5}$	新	4/5
						旧	1/5

由此，第四天看的是新书的概率为

$$\frac{4}{5}\times\frac{3}{5}\times\frac{2}{5}+\frac{4}{5}\times\frac{2}{5}\times\frac{3}{5}+\frac{1}{5}\times\frac{4}{5}\times\frac{3}{5}+\frac{1}{5}\times\frac{1}{5}\times\frac{4}{5}=\frac{64}{125}$$

9. 10 个人中有一对夫妇，他们随意围着一张圆桌坐下，求该对夫妇正好坐在一起的概率。

解：设事件 A 为"该对夫妇正好坐在一起"。

方法一：10 个人随机坐在一张圆桌周围，共有 9! 种方法，先考虑该对夫妇以"男左女右"顺序坐在一起：把相邻的两个座位看成一个，考虑捆绑法的思路，9 个座位有 8! 种排法，同理再考虑"男右女左"的坐法，所以所求概率为

$$P(A)=\frac{2\times 8!}{9!}=\frac{2}{9}$$

方法二：只考虑夫妇两人，夫妇两人随机坐有 A_{10}^2 种坐法，把座位按照 $1\sim10$ 排号，夫妇相邻而坐且女坐于男右侧，则有 10 种坐法：男坐 1，2，3，…，9，10，女坐 2，3，…，10，1；同理考虑女坐于男左侧，则有 10 种坐法，共 20 种坐法，所以所求概率为

$$P(A)=\frac{20}{A_{10}^2}=\frac{2}{9}$$

方法三：假设夫妇中一人坐定，考虑另一个人（不妨设为女）。此人随机坐，有 9 种坐法。若要夫妇相邻，她只能坐在男方的左右两个位置，所以所求概率为

$$P(A)=\frac{2}{9}$$

10. 一个口袋中有 5 个大小完全相同的球，编号分别为 1，2，3，4，5。从中同时取出 3 个球，试求事件 $A=\{$取出 3 个球的最小号码为 1$\}$ 的概率 β。

解：方法一：随机变量法。

设第 i 次取出的球的编号为 $X_i(i=1,2,3)$，由于是无放回的，所以 X_1,X_2,X_3 不相互独立，但是同分布，且分布均为 $P\{X_i=j\}=0.2(j=1,2,3,4,5;i=1,2,3)$，故

$$\begin{aligned}\beta&=P(\min\{X_1,X_2,X_3\}=1)\\&=P(\{X_1=1\}\cup\{X_2=1\}\cup\{X_3=1\})\\&=P\{X_1=1\}+P\{X_2=1\}+P\{X_3=1\}\\&=0.2+0.2+0.2=0.6\end{aligned}$$

方法二：枚举法。

对于样本空间和事件 A 中的样本点，依题设可以数得 $N=10$，$N_A=6$，而且每个基本事件发生的可能性相同，故

$$\beta=P(A)=\frac{6}{10}=0.6$$

方法三：事件分解法。

令 $A_i=\{$第 i 次取出球的编号为 1$\}(i=1,2,3)$，则

$$\begin{aligned}\beta&=P(A_1\cup A_2\cup A_3)\\&=P(A_1)+P(A_2)+P(A_3)\\&=0.2+0.2+0.2=0.6\end{aligned}$$

方法四：排列组合法。

将取出的 3 个球的编号看成从 5 个元素中无放回地取出 3 个元素的组合，则

$$\beta=\frac{C_1^1 C_4^2}{C_5^3}=\frac{1\times6}{10}=0.6$$

11. 在长为 a 的线段的中点两边随机地选取两点，试求两点间距离小于 $a/3$ 的概率。

解：方法一：以 X_1 表示中点左边所取的随机点到端点 O 的距离，则 X_1 在区间 $\left(0,\frac{a}{2}\right)$ 上服从均匀分布，其概率密度函数为

$$f_1(x) = \begin{cases} \dfrac{2}{a}, & 0 < x < \dfrac{a}{2} \\ 0, & \text{其他} \end{cases}$$

以 X_2 表示中点右边所取的随机点到端点 O 的距离，则 X_2 在区间 $\left(\dfrac{a}{2}, a\right)$ 上服从均匀分布，其概率密度函数为

$$f_2(x) = \begin{cases} \dfrac{2}{a}, & \dfrac{a}{2} < x < a \\ 0, & \text{其他} \end{cases}$$

因为是在线段中点两边随机地选取两点，即 X_1 与 X_2 相互独立，故 (X_1, X_2) 的联合概率密度函数为

$$f(x_1, x_2) = \begin{cases} \dfrac{4}{a^2}, & 0 < x_1 < \dfrac{a}{2}, \dfrac{a}{2} < x_2 < a \\ 0, & \text{其他} \end{cases}$$

事件"两点间距离小于 $a/3$"可表示为：(X_1, X_2) 落在图 1-1 中区域 D 内的概率。

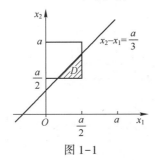

图 1-1

$$P\left(X_2 - X_1 < \dfrac{a}{3}\right) = \iint\limits_{x_2 - x_1 < \frac{a}{3}} f(x_1, x_2)\,\mathrm{d}x_1\mathrm{d}x_2 = \iint\limits_{D} \dfrac{4}{a^2}\mathrm{d}x_1\mathrm{d}x_2$$

$$= \int_{\frac{a}{6}}^{\frac{a}{2}} \mathrm{d}x_1 \int_{\frac{a}{2}}^{x_1 + \frac{a}{3}} \dfrac{4}{a^2}\mathrm{d}x_2 = \int_{\frac{a}{6}}^{\frac{a}{2}} \dfrac{4}{a^2}\left(x_1 - \dfrac{a}{6}\right)\mathrm{d}x_1 = \dfrac{2}{9}$$

方法二：因为 (X_1, X_2) 在区域 $I = \left\{(x_1, x_2) \,\middle|\, 0 < x_1 < \dfrac{a}{2}, \dfrac{a}{2} < x_2 < a\right\}$ 上服从均匀分布，可利用几何概型求解。而事件 $\{X_2 - X_1 < a/3\}$ 即为 $(X_1, X_2) \in D$，从而所求概率为

$$P\left\{X_2 - X_1 < \dfrac{a}{3}\right\} = P\{(X_1, X_2) \in D\} = \dfrac{D\text{ 的面积}}{I\text{ 的面积}} = \dfrac{\dfrac{1}{2} \times \dfrac{a}{3} \times \dfrac{a}{3}}{\dfrac{a}{2} \times \dfrac{a}{2}} = \dfrac{2}{9}$$

📝 12. 有 3 个盒子，第一个盒子装有 1 个白球、4 个黑球；第二个盒子装有 2 个白球、3 个黑球；第三个盒子装有 3 个白球、2 个黑球。现在任取 1 个盒子，从中任取 3 个球。以 X 表示所取到的白球数，求取到白球数不少于 2 的概率。

解：**方法一**：分析题干和问题可知，只有第二个盒子或者第三个盒子才能满足题目要

求。分别计算抽中第二个盒子满足条件的概率及第三个盒子满足条件的概率，由概率加法公式得出答案。

抽第二个盒子：$P_2(X \geqslant 2) = \dfrac{C_2^2 C_3^1}{C_5^3} = \dfrac{3}{10}$

抽第三个盒子：$P_3(X \geqslant 2) = \dfrac{C_3^2 C_2^1}{C_5^3} + \dfrac{C_3^3 C_2^0}{C_5^3} = \dfrac{7}{10}$

所以 $P(X \geqslant 2) = \dfrac{1}{3} \times \dfrac{3}{10} + \dfrac{1}{3} \times \dfrac{7}{10} = \dfrac{1}{3}$

方法二：由排列组合相关知识，可以求出取到白球数的分布律。经分析可知，白球数 X 的取值只能是 0，1，2，3。

$$P(X=0) = \dfrac{1}{3} \times \dfrac{C_1^0 C_4^3}{C_5^3} + \dfrac{1}{3} \times \dfrac{C_2^0 C_3^3}{C_5^3} = \dfrac{1}{6}$$

$$P(X=1) = \dfrac{1}{3} \times \dfrac{C_1^1 C_4^2}{C_5^3} + \dfrac{1}{3} \times \dfrac{C_2^1 C_3^2}{C_5^3} + \dfrac{1}{3} \times \dfrac{C_3^1 C_2^2}{C_5^3} = \dfrac{1}{2}$$

$$P(X=2) = \dfrac{1}{3} \times \dfrac{C_2^2 C_3^1}{C_5^3} + \dfrac{1}{3} \times \dfrac{C_3^2 C_2^1}{C_5^3} = \dfrac{3}{10}$$

$$P(X=3) = \dfrac{1}{3} \times \dfrac{C_3^3 C_2^0}{C_5^3} = \dfrac{1}{30}$$

所以所求概率为

$$P(X \geqslant 2) = P(X=2) + P(X=3) = \dfrac{3}{10} + \dfrac{1}{30} = \dfrac{1}{3}$$

$$\text{或 } P(X \geqslant 2) = 1 - P(X=0) - P(X=1) = 1 - \dfrac{1}{6} - \dfrac{1}{2} = \dfrac{1}{3}$$

13. 假设一个屋子里面有 N 个人，每个人都有一顶帽子。假如所有人把帽子扔到屋子中央，然后每个人都随机选一顶帽子。求没有人捡到自己帽子的概率。

解：方法一：先计算至少有一个人捡到自己帽子的概率。设 $A_i (i=1,2,\cdots,N)$ 表示事件"第 i 个人捡到了他自己的帽子"。现在，根据容斥原理，至少有一个人捡到自己帽子的概率 $P\left(\bigcup\limits_{i=1}^{N} A_i\right)$ 就等于：

$$P\left(\bigcup_{i=1}^{N} A_i\right) = \sum_{i=1}^{N} P(A_i) - \sum_{i_1 < i_2} P(A_{i_1} A_{i_2}) + \cdots +$$
$$(-1)^{n+1} \sum_{i_1 < i_2 < \cdots < i_n} P(A_{i_1} A_{i_2} \cdots A_{i_n}) + \cdots + (-1)^{N+1} P(A_1 A_2 \cdots A_N)$$

如果将试验结果看作是一个 N 维数组，其中第 i 个元素表示被第 i 个人捡到的帽子的编号，那么有 $N!$ 种可能的结果。例如结果 $(1,2,3,\cdots,N)$ 表示所有人都拿到了自己的帽子。进一步地，$A_{i_1} A_{i_2} \cdots A_{i_n}$ 表示事件"$i_1, i_2, \cdots, i_n$ 这 n 个人拿到了自己的帽子"，这样的事件可能有 $(N-n) \times (N-n-1) \times \cdots \times 3 \times 2 \times 1 = (N-n)!$ 种，因为剩下的 $N-n$ 个人均随便选帽子。总共的可能结果是 $N!$ 种，因此

$$P(A_{i_1}A_{i_2}\cdots A_{i_n}) = \frac{(N-n)!}{N!}$$

同时，对于 $\displaystyle\sum_{i_1 < i_2 < \cdots < i_n} P(A_{i_1}A_{i_2}\cdots A_{i_n})$ 总共有 C_N^n 种选法，因此

$$\sum_{i_1 < i_2 < \cdots < i_n} P(A_{i_1}A_{i_2}\cdots A_{i_n}) = \frac{N!\,(N-n)!}{(N-n)!\,n!\,N!} = \frac{1}{n!}$$

因此，

$$P\left(\bigcup_{i=1}^{N} A_i\right) = 1 - \frac{1}{2!} + \frac{1}{3!} - \cdots + (-1)^{N+1}\frac{1}{N!}$$

所以，没有人捡到自己帽子的概率为

$$\frac{1}{2!} - \frac{1}{3!} + \cdots + \frac{(-1)^N}{N!}$$

另外，当 N 非常大时，此概率为 $\mathrm{e}^{-1} \approx 0.367\,88$。也就是说，当 N 很大时，没有人捡到自己帽子的概率大约是 0.37。

方法二：A 表示事件"没有匹配发生"，此事件显然与 N 有关，记为 $P_N = P(A)$。从第一个人是否选择到了自己的帽子开始，分别记为 M 和 $\overline{M}$。则

$$P_N = P(A) = P(A\,|\,M)P(M) + P(A\,|\,\overline{M})P(\overline{M})$$

显然，$P(A\,|\,M) = 0$，因此

$$P_N = P(A\,|\,\overline{M})\frac{N-1}{N} \tag{1-1}$$

现在，$P(A\,|\,\overline{M})$ 表示剩下的 $N-1$ 个人都没有捡到自己帽子的概率（且其中一人的帽子不在这些帽子中，因为已经被第一个人捡走了）。此事发生可由两种独立事件组成，即那个人捡到了第一个人的帽子且其他人都没有捡到自己的帽子，以及那个人捡到了除第一个人和他自己的帽子以外的任一顶帽子，且其他人都没有捡到自己的帽子。前者的概率是 $[1/(N-1)]P_{N-2}$，由此可得

$$P(A\,|\,\overline{M}) = P_{N-1} + \frac{1}{N-1}P_{N-2}$$

因此，由式（1-1）可以得到

$$P_N = \frac{N-1}{N}P_{N-1} + \frac{1}{N}P_{N-2}$$

或者，等价地

$$P_N - P_{N-1} = -\frac{1}{N}(P_{N-1} - P_{N-2}) \tag{1-2}$$

再由于 P_N 表示 N 个人中无匹配的概率，因此

$$P_1 = 0, \quad P_2 = \frac{1}{2}$$

由式（1-2）得

$$P_3 - P_2 = -\frac{P_2 - P_1}{3} = -\frac{1}{3!} \Rightarrow P_3 = \frac{1}{2!} - \frac{1}{3!}$$

$$P_4 - P_3 = -\frac{P_3 - P_2}{4} = \frac{1}{4!} \Rightarrow P_4 = \frac{1}{2!} - \frac{1}{3!} + \frac{1}{4!}$$

由此

$$P_N = \frac{1}{2!} - \frac{1}{3!} + \cdots + \frac{(-1)^N}{N!}$$

14. 某赌徒有赌资 100 万元，赌庄有 1 个亿。现在赌徒和赌庄每局赌 1 000 元，如果赌徒每局获胜的概率是 0.5，求赌徒破产的概率。

解：方法一： 由题目易知，这个赌局会在赌徒和赌庄其中一方破产的情况下结束。既然题目要求赌徒破产的概率，那么可以将该问题等价为求赌庄赢走财产总和即 101 000（1 000＋100 000）个单位的财产的概率（设 1 000 元为一个单位以方便计算，从而输赢为一个单位）。

列出以下递推式（利用全概率公式）

$$P_i = 0.5 \times P_{i+1} + 0.5 \times P_{i-1} \tag{1-3}$$

其中 P_i 为赌庄在有 i 个单位财产时赢走所有钱的概率，则式（1-3）右侧的解释方法就是

$$P(赌庄赢了下一局) \times P(赌庄赢了所有的钱 \mid 赌庄赢了下一局) + P(赌庄输了上一局) \times$$
$$P(赌庄赢了所有的钱 \mid 赌庄输了上一局)$$

$$P_{i+1} = 2P_i - P_{i-1}$$

初始条件为 $P_0 = 0$，$P_N = 1$

设 $P_1 = a$，则 $P_2 = 2a$，$P_3 = 3a$，$P_4 = 4a$，……

$$P_N = Na = 1，\quad a = \frac{1}{N}$$

$$P_i = ia = \frac{i}{N}$$

将 $i = 100\,000$，$N = 101\,000$ 代入，有结果 $P(赌徒破产) = 0.990\,099\,01 \approx 0.990\,1$。

方法二： 若以 X_n 表示赌庄在时刻 n 的财产，则过程 $\{X_n, n = 0, 1, 2, \cdots\}$ 是一个 Markov 链，具有转移概率

$$P_{00} = P_{NN} = 1$$
$$P_{i,i+1} = p = 1 - P_{i,i-1}$$

此 Markov 链有三个类，即 $\{0\}$，$\{1, 2, \cdots, N-1\}$，$\{N\}$，第一类和第三类是常返类，第二类为暂态类。由于每个暂态只被访问有限多次，由此推出在某个有限的事件之后，该赌庄达到目标 N 或破产。以 $f_i \equiv f_{iN}$ 表示从 i（$0 \leq i \leq N$）开始，赌庄财富迟早到达 N 的概率，用 p，q 表示输赢概率，可以得到

$$(p + q)f_i = pf_{i+1} + qf_{i-1}$$

由于 $f_0 = 0$，可以得出

$$f_2 - f_1 = \frac{q}{p}(f_1 - f_0) = \frac{q}{p}f_1$$

$$f_3 - f_2 = \frac{q}{p}(f_2 - f_1) = \left(\frac{q}{p}\right)^2 f_1$$

$$\vdots$$

$$f_i - f_{i-1} = \frac{q}{p}(f_{i-1} - f_{i-2}) = \left(\frac{q}{p}\right)^{i-1} f_1$$

将这 $i-1$ 个方程相加有

$$f_i - f_1 = f_1 \left[\left(\frac{q}{p}\right) + \left(\frac{q}{p}\right)^2 + \cdots + \left(\frac{q}{p}\right)^{i-1}\right]$$

或

$$f_i = \begin{cases} \dfrac{1 - \left(\dfrac{q}{p}\right)^i}{1 - \dfrac{q}{p}} f_1, & \dfrac{q}{p} \neq 1 \\[4mm] i f_1, & \dfrac{q}{p} = 1 \end{cases}$$

取 $f_N = 1$，有

$$f_i = \begin{cases} \dfrac{1 - \left(\dfrac{q}{p}\right)^i}{1 - \left(\dfrac{q}{p}\right)^N}, & \dfrac{q}{p} \neq 1 \\[4mm] \dfrac{i}{N}, & \dfrac{q}{p} = 1 \end{cases}$$

代入 $i = 100\,000$，$N = 101\,000$，可得结果为 $0.990\,1$。

> 15.（Monty Hall 难题）Monty Hall 的问题陈述十分简单，但是它的答案看上去却是有悖常理。Monty Hall 的游戏规则是这样的，如果你来参加这个节目，那么：
>
> （1）Monty Hall 向你示意三个关闭的大门，然后告诉你每个门后面都有一个奖品，其中有一个门后面的奖品是一辆汽车，另外两个门后面则是不值钱的奖品，奖品是随机放在三个门后面的；
>
> （2）该游戏的目的是猜中哪个门后面有汽车，一旦猜中，你就可以拿走汽车；
>
> （3）你先挑选一个门，不妨假设为 A 门，其他两个门分别称为 B 门和 C 门；
>
> （4）在打开你选中的门之前，Monty Hall 会先打开 B 门或者 C 门中一个没有汽车的门来增加悬念（如果汽车在 A 门后面，那么 Monty Hall 打开 B 门或者 C 门都是安全的，所以他可以随意选择一个；如果汽车在 B 门后面，那么 Monty Hall 只能够选择 C 门）；
>
> （5）然后 Monty Hall 给你一个选择：坚持最初的选择还是换到另外一个没有打开的门？

解：方法一：运用全概率公式求解。

首先设 A 表示"最初选择的门后面是汽车"，B 表示"最终赢得汽车"，则由已知条件知，实际情况中汽车在 A 门后的概率是 $\dfrac{1}{3}$，不在 A 门后的概率是 $\dfrac{2}{3}$，即 $P(A) = \dfrac{1}{3}$，$P(\bar{A}) = \dfrac{2}{3}$。

策略一：若不换选择，即仍然选择 A 门，则能最终赢得汽车的概率为

$$P(B) = P(A)P(B \mid A) + P(\bar{A})P(B \mid \bar{A}) = \frac{1}{3} \times 1 + \frac{2}{3} \times 0 = \frac{1}{3}$$

策略二：若换选择，即换至未开启的 B 门，则能最终赢得汽车的概率为

$$P(B) = P(A)P(B \mid A) + P(\bar{A})P(B \mid \bar{A}) = \frac{1}{3} \times 0 + \frac{2}{3} \times 1 = \frac{2}{3}$$

显然，采用策略二，即换成未打开的 B 门，能赢得汽车的概率将比不换增加 1 倍。

方法二：运用贝叶斯定理求解。

贝叶斯定理的表达式可以写成 $P(H \mid D) = \dfrac{P(H)P(D \mid H)}{P(D)}$，其中 $P(H)$ 称为先验概率，$P(H \mid D)$ 称为后验概率，$P(D \mid H)$ 称为似然度，$P(D)$ 称为标准化常量。

首先分别用 A，B，C 表示假设汽车在 A 门、B 门或 C 门后面，同时不妨假设 Monty Hall 打开了 B 门，而且没有汽车在后面。在本例中 D 包括两个部分，Monty Hall 打开了 B 门，而且没有汽车在后面。这样，我们采用表格法可以相对清晰地看出每一个假设的后验概率。

	先验概率 $P(H)$	似然度 $P(D \mid H)$	$P(H)P(D \mid H)$	后验概率 $P(H \mid D)$
假设 A	1/3	1/2	1/6	1/3
假设 B	1/3	0	0	0
假设 C	1/3	1	1/3	2/3

所以运用贝叶斯定理，可以得到相同的结论：换门得到汽车的概率是不换门的概率的 2 倍。

🖊 16. 甲乙两人约定 14：00 到 15：00 之间在车站见面，并事先约定先到者在那里等待 10 min，若另一个人 10 min 内没有到达，则先到的人自行离去。试求先到者等待时间小于 10 min 的概率。

解：方法一：利用均匀分布的概率密度函数求解。

设甲于下午两点 X 分到达，乙于下午两点 Y 分到达，可知随机变量 X 与 Y 相互独立，且都服从区间 $[0,60]$ 上的均匀分布，X 和 Y 的概率密度函数分别为

$$f_X(x) = \begin{cases} \dfrac{1}{60}, & 0 \leqslant x \leqslant 60 \\ 0, & \text{其他} \end{cases}, \qquad f_Y(y) = \begin{cases} \dfrac{1}{60}, & 0 \leqslant y \leqslant 60 \\ 0, & \text{其他} \end{cases}$$

由于 X 和 Y 相互独立，所以 (X,Y) 的联合概率密度函数为

$$f(x,y) = f_X(x)f_Y(y) = \begin{cases} \dfrac{1}{3\,600}, & 0 \leqslant x \leqslant 60, 0 \leqslant y \leqslant 60 \\ 0, & \text{其他} \end{cases}$$

先到的人等待时间为 10 min 以内，即 $|X-Y| \leqslant 10$，则概率为

$$P(|X-Y| \leqslant 10) = \iint\limits_{|X-Y| \leqslant 10} f(x,y)\,\mathrm{d}x\mathrm{d}y$$

$$= \iint\limits_{G} f(x,y)\,\mathrm{d}x\mathrm{d}y$$

$$= \frac{1}{3\,600} \iint\limits_{G} \mathrm{d}x\mathrm{d}y = \frac{S_G}{3\,600} = \frac{11}{36}$$

方法二：利用面积法求解。

变量 x 与 y 的取值范围均为 0 到 60，甲先到和乙先到的曲线分别为 $x-y=-10$ 和 $x-y=10$，由此得出相应的图形如图 1-2 所示。

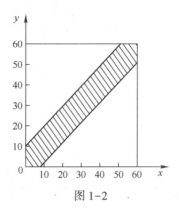

图 1-2

则 $P($ 等待时间小于 $10\min)=\dfrac{60\times60-2\times0.5\times50\times50}{60\times60}=\dfrac{3\,600-2\,500}{3\,600}=\dfrac{11}{36}$

> 17. 甲口袋有 1 个黑球、2 个白球，乙口袋有 3 个白球。每次从两个口袋中各任取一球，交换后放入另一口袋，求交换 n 次后，黑球仍在甲口袋的概率。

解：方法一： 设事件 A_i 为 "第 i 次交换后黑球仍在甲口袋中"，记 $p_i=P(A_i)$，$i=0,1,2,\cdots$。则有 $p_0=1$，且

$$P(A_{i+1}\mid A_i)=\frac{2}{3},P(A_{i+1}\mid \overline{A}_i)=\frac{1}{3}$$

所以由全概率公式得

$$p_n=\frac{2}{3}p_{n-1}+\frac{1}{3}(1-p_{n-1})=\frac{1}{3}p_{n-1}+\frac{1}{3},\quad n\geqslant1$$

故可得递推公式

$$p_n-\frac{1}{2}=\frac{1}{3}\left(p_{n-1}-\frac{1}{2}\right),\quad n\geqslant1$$

将 $p_0=1$ 代入上式可得

$$p_n-\frac{1}{2}=\frac{1}{2}\times\left(\frac{1}{3}\right)^n,\quad n\geqslant1$$

由此得

$$p_n=\frac{1}{2}\left[1+\left(\frac{1}{3}\right)^n\right],\quad n\geqslant1$$

方法二： 设交换 n 次后黑球仍在甲口袋中的概率是 A_n，在乙口袋中的概率是 B_n。因为一开始黑球在甲口袋中，所以 $A_0=1,B_0=0$，并且黑球肯定不在甲口袋中就在乙口袋中，所以有

$$A_n+B_n=1$$

这样，交换 0 到 n 次，黑球在甲、乙口袋的概率分别是

$$A_0,A_1,A_2,\cdots,A_{n-1},A_n;B_0,B_1,B_2,\cdots,B_{n-1},B_n$$

另外，因为甲、乙口袋中各有 3 个球，且黑球只有 1 个，所以每次在甲口袋中摸走黑球的概率是1/3，留下的概率是2/3，同样对于乙口袋也是这样的，这样就有

$$A_n = \frac{2}{3}A_{n-1} + \frac{1}{3}B_{n-1}$$

$$B_n = \frac{1}{3}A_{n-1} + \frac{2}{3}B_{n-1}$$

上两式相减有

$$A_n - B_n = \frac{1}{3}(A_{n-1} - B_{n-1})$$

这样就有

$$A_n - B_n = \left(\frac{1}{3}\right)^n (A_0 - B_0) = \left(\frac{1}{3}\right)^n$$

并且通过上面的分析有

$$A_n + B_n = 1$$

所以

$$A_n = \frac{1}{2}\left[1 + \left(\frac{1}{3}\right)^n\right], \quad n \geq 1$$

这就是交换 n 次后，黑球仍在甲口袋中的概率。

第2章 随机变量及其分布

✐ 1. 将一枚骰子投掷两次，以 X_1 表示两次所得点数之和，以 X_2 表示两次投掷中得到的最小点数，试分别求 X_1, X_2 的分布列。

解：（1）求点数之和 X_1 的分布列。

方法一：枚举法。

用 X 表示第一次投掷所得点数，Y 表示第二次投掷所得点数，图 2-1 为所有可能的情况。

Y\X	1	2	3	4	5	6
1	(1,1)	(1,2)	(1,3)	(1,4)	(1,5)	(1,6)
2	(2,1)	(2,2)	(2,3)	(2,4)	(2,5)	(2,6)
3	(3,1)	(3,2)	(3,3)	(3,4)	(3,5)	(3,6)
4	(4,1)	(4,2)	(4,3)	(4,4)	(4,5)	(4,6)
5	(5,1)	(5,2)	(5,3)	(5,4)	(5,5)	(5,6)
6	(6,1)	(6,2)	(6,3)	(6,4)	(6,5)	(6,6)

图 2-1

则根据图 2-1 很容易得到 X_1 的分布列为

X_1	2	3	4	5	6	7	8	9	10	11	12
P	$\frac{1}{36}$	$\frac{2}{36}$	$\frac{3}{36}$	$\frac{4}{36}$	$\frac{5}{36}$	$\frac{6}{36}$	$\frac{5}{36}$	$\frac{4}{36}$	$\frac{3}{36}$	$\frac{2}{36}$	$\frac{1}{36}$

方法二：直接计算，此时分别单独考虑每一次投掷结果。

显然 X 与 Y 独立，且有

$$P(X_1 = k) = \sum_{i+j=k} P(X = i, Y = j) = \sum_{i+j=k} P(X = i) P(Y = j) = \sum_{i+j=k} \frac{1}{36}, k = 2, 3, \cdots, 12$$

通过计算可得分布列，与上面结果相同。

（2）求两次中得到的最小点数 X_2 的分布列。

方法一：与求解 X_1 的分布列方法相同，同样通过枚举方法得到，这里不详细列出，结果为

X_2	1	2	3	4	5	6
P	$\frac{11}{36}$	$\frac{9}{36}$	$\frac{7}{36}$	$\frac{5}{36}$	$\frac{3}{36}$	$\frac{1}{36}$

方法二：直接计算。

$$P(X_2 = 1) = \frac{2C_5^1 + 1}{36} = \frac{11}{36}, \qquad P(X_2 = 2) = \frac{2C_4^1 + 1}{36} = \frac{9}{36}$$

$$P(X_2 = 3) = \frac{2C_3^1 + 1}{36} = \frac{7}{36}, \qquad P(X_2 = 4) = \frac{2C_2^1 + 1}{36} = \frac{5}{36}$$

$$P(X_2 = 5) = \frac{2C_1^1 + 1}{36} = \frac{3}{36}, \qquad P(X_2 = 6) = \frac{1}{36}$$

因此得到 X_2 的分布列与上面的结果相同。

2. 已知随机变量 X 服从标准正态分布，证明随机变量 $Y = aX + b (a \neq 0)$ 也服从正态分布。

证明：方法一：先计算 Y 的分布函数，再求导得到概率密度函数。

X 的概率密度函数为 $f_X(x) = \frac{1}{\sqrt{2\pi}} e^{-\frac{x^2}{2}}$，当 $a > 0$ 时，则可以计算随机变量 Y 的分布函数为

$$F_Y(y) = P(Y \leq y) = P(aX + b \leq y)$$

$$= P\left(X \leq \frac{y-b}{a}\right) = \int_{-\infty}^{\frac{y-b}{a}} \frac{1}{\sqrt{2\pi}} e^{-\frac{x^2}{2}} \mathrm{d}x$$

对分布函数求导，可得

$$f_Y(y) = \frac{1}{\sqrt{2\pi}\,|a|} e^{-\frac{(y-b)^2}{2a^2}}$$

当 $a < 0$ 时，类似可得相同的密度函数。

所以，Y 服从均值为 b、方差为 a^2 的正态分布，得证。

方法二：已知 $Y = aX + b$，则有 $X = \dfrac{Y-b}{a} \Rightarrow |J| = \left|\dfrac{1}{a}\right|$，则 Y 的概率密度函数为

$$f_Y(y) = f_X\left(\frac{y-b}{a}\right) \cdot \left|\frac{1}{a}\right| = \left|\frac{1}{a}\right| \cdot \frac{1}{\sqrt{2\pi}} \cdot e^{-\frac{\left(\frac{y-b}{a}\right)^2}{2}} = \frac{1}{\sqrt{2\pi}\,|a|} e^{-\frac{(y-b)^2}{2a^2}}$$

因此，Y 服从均值为 b、方差为 a^2 的正态分布，得证。

方法三：通过特征函数与随机变量的一一对应关系进行证明。

因为 X 服从标准正态分布，所以 X 的特征函数为 $\varphi_X(t) = E e^{itx} = e^{-\frac{t^2}{2}}$，$Y$ 的特征函数为

$$\varphi_Y(t) = E e^{itY} = E e^{it(aX+b)} = e^{itb} E e^{i(at)X}$$

$$= e^{itb} \varphi_X(at) = e^{itb - \frac{a^2 t^2}{2}}$$

这恰好是均值为 b、方差为 a^2 的正态分布的随机变量的特征函数，因为随机变量与特征函数一一对应，所以 Y 服从均值为 b、方差为 a^2 的正态分布，得证。

3. 有一个繁忙的汽车站，每天有大量汽车经过，设一辆汽车在一天的某段时间内出事故的概率为 0.000 1，在某天的该时间段内有 1 000 辆汽车通过。问出事故的车辆数不小于 2 的概率是多少？

解：方法一：以 X 表示汽车站某天该时间段内汽车出事故的辆数，则 $n = 1\,000$，$p =$

0.000 1，$X \sim B(1\,000, 0.000\,1)$，其分布律为

$$P(X=k) = C_n^k p^k (1-p)^{n-k} = C_{1000}^k \times 0.000\,1^k \times (1-0.000\,1)^{n-k}$$

所以出事故的车辆数不小于 2 的概率为

$$
\begin{aligned}
P(X \geqslant 2) &= 1 - P(X < 2) \\
&= 1 - [P(X=0) + P(X=1)] \\
&\approx 1 - 0.904\,832\,9 - 0.1 \times 0.904\,923\,4 \\
&\approx 0.004\,67
\end{aligned}
$$

因此出事故的车辆数不小于 2 的概率约为 0.004 67。

方法二：因为 $\lambda = np = 0.1 < 10$，故可利用泊松定理来计算，有

$$P(X=k) = C_n^k p^k (1-p)^{n-k} \approx \frac{\lambda^k e^{-\lambda}}{k!}$$

从而

$$
\begin{aligned}
P(X \geqslant 2) &= 1 - [P(X=0) + P(X=1)] \\
&\approx 1 - e^{-0.1} - e^{-0.1} \times 0.1 \\
&\approx 0.004\,67
\end{aligned}
$$

因此出事故的车辆数不小于 2 的概率约为 0.004 67。

🖊 4. 设随机变量 X 的概率密度函数为

$$f_X(x) = \begin{cases} \dfrac{x}{8}, & 0 < x < 4 \\ 0, & \text{其他} \end{cases}$$

求随机变量 $Y = 2X + 8$ 的概率密度函数。

解：**方法一**：定义法。

先求 $Y = 2X + 8$ 的分布函数 $F_Y(y)$，则

$$F_Y(y) = P(Y \leqslant y) = P(2X + 8 \leqslant y) = P\left(X \leqslant \frac{y-8}{2}\right) = \int_{-\infty}^{\frac{y-8}{2}} f_X(x)\,\mathrm{d}x$$

再由分布函数求概率密度函数，得

$$f_Y(y) = F_y'(y) = \left[\int_{-\infty}^{\frac{y-8}{2}} f_X(x)\,\mathrm{d}x\right]' = f_X\left(\frac{y-8}{2}\right)\left(\frac{y-8}{2}\right)'$$

由 $y = 2x + 8$ 及 $0 < x < 4$ 得 $8 < y < 16$，所以 Y 的概率密度函数为

$$f_Y(y) = \begin{cases} \dfrac{y-8}{32}, & 8 < y < 16 \\ 0, & \text{其他} \end{cases}$$

方法二：公式法。

$y = 2x + 8$ 的反函数为 $x = \dfrac{y-8}{2}, y \in (8, 16)$，根据公式可直接求得 Y 的概率密度函数为

$$f_Y(y) = \begin{cases} f_X\left(\dfrac{y-8}{2}\right) \cdot \dfrac{1}{2}, & 8 < y < 16 \\ 0, & \text{其他} \end{cases}$$

$$= \begin{cases} \dfrac{y-8}{32}, & 8<y<16 \\ 0, & 其他 \end{cases}$$

5. 从 1，2，3，4，5 五个数中任取三个，按大小排列记为 $x_1<x_2<x_3$。令 $X=x_2$，求 X 的分布列。

解：方法一： 由于此题中总数目不多，故可用枚举法进行求解。从五个数中任取三个的所有情况为 $\{1,2,3\},\{1,2,4\},\{1,2,5\},\{1,3,4\},\{1,3,5\}\{1,4,5\},\{2,3,4\},\{2,3,5\},\{2,4,5\},\{3,4,5\}$。

又由于每一种情况都是等概率的，所以位于中间数的概率通过计数可知

$$P(X=2)=\frac{3}{10}, P(X=3)=\frac{2}{5}, P(X=4)=\frac{3}{10}$$

即分布列为

X	2	3	4
P	$\dfrac{3}{10}$	$\dfrac{2}{5}$	$\dfrac{3}{10}$

方法二： 根据排列组合的知识，可以先分别去取这三个数，从而计算概率。分析可知 X 的取值只有可能是 2，3，4。

$$P(X=2)=\frac{C_1^1\times C_1^1\times C_3^1}{C_5^3}=\frac{3}{10}$$

$$P(X=3)=\frac{C_2^1\times C_1^1\times C_2^1}{C_5^3}=\frac{2}{5}$$

$$P(X=4)=\frac{C_3^1\times C_1^1\times C_1^1}{C_5^3}=\frac{3}{10}$$

所以分布列如下

X	2	3	4
P	$\dfrac{3}{10}$	$\dfrac{2}{5}$	$\dfrac{3}{10}$

6. 设随机变量 $X\sim N(0,1)$，求 $Y=e^X$ 的概率密度函数。

解： 由于 X 服从标准正态分布，故 X 的概率密度函数为

$$\varphi(x)=\frac{1}{\sqrt{2\pi}}e^{-\frac{x^2}{2}}$$

方法一： 公式法。

$y=e^x$ 是严格递增的函数，其反函数为 $x=\ln y$，$\dfrac{\mathrm{d}x}{\mathrm{d}y}=\dfrac{1}{y}$，当 X 的取值为 $(-\infty,+\infty)$ 时，Y 的取值为 $(0,+\infty)$。故 Y 的密度函数为

$$f_Y(y) = \begin{cases} \dfrac{1}{\sqrt{2\pi}\,y}\mathrm{e}^{-\frac{(\ln y)^2}{2}}, & y > 0 \\ 0, & y \leqslant 0 \end{cases}$$

方法二：先求随机变量 Y 的分布函数，得

$$F(y) = P(Y \leqslant y) = P(\mathrm{e}^X \leqslant y)$$

因为 $\mathrm{e}^X > 0$，所以当 $y \leqslant 0$ 时有

$$F(y) = P(\mathrm{e}^X \leqslant y) = 0$$

当 $y > 0$ 时有

$$F(y) = F(\mathrm{e}^X \leqslant y) = F(X \leqslant \ln y) = \Phi(\ln y)$$

因此 Y 的分布函数为

$$F(y) = \begin{cases} \Phi(\ln y), & y > 0 \\ 0, & y \leqslant 0 \end{cases}$$

再用求导的方法求出 Y 的概率密度函数，得

$$f_Y(y) = \begin{cases} \varphi(\ln y)\dfrac{1}{y}, & y > 0 \\ 0, & y \leqslant 0 \end{cases} = \begin{cases} \dfrac{1}{\sqrt{2\pi}\,y}\mathrm{e}^{-\frac{(\ln y)^2}{2}}, & y > 0 \\ 0, & y \leqslant 0 \end{cases}$$

✎ 7. 设某生产线上组装每件产品的时间服从指数分布，平均需要 $10\,\mathrm{min}$，且各件产品的组装时间是相互独立的。试求组装 100 件产品需要 $15 \sim 20\,\mathrm{h}$ 的概率。

　　解：记 $X_k(k = 1, 2, \cdots, 100)$ 是第 k 件产品的组装时间，由题知 $X_1, \cdots, X_{100}$ 均服从均值为 10 的指数分布且相互独立，则

$$\mu = E(X_k) = 10, \sigma^2 = V(X_k) = 100, k = 1, 2, \cdots, 100$$

记 $Y_k = X_1 + X_2 + \cdots + X_k(k = 1, 2, \cdots, 100)$。

　　方法一：由独立同分布的中心极限定理得

$$\frac{\sum\limits_{k=1}^{100} X_k - 100 \times 10}{10\sqrt{100}} \sim \mathrm{N}(0,1)$$

组装这 100 件产品需要 $15 \sim 20\,\mathrm{h}$ 的概率为

$$P\left(15 \times 60 \leqslant \sum_{k=1}^{100} X_k \leqslant 20 \times 60\right) = P\left(\sum_{k=1}^{100} X_k \leqslant 20 \times 60\right) - P\left(\sum_{k=1}^{100} X_k \leqslant 15 \times 60\right)$$

$$= P\left(\frac{\sum\limits_{k=1}^{100} X_k - 100 \times 10}{10\sqrt{100}} \leqslant \frac{1\,200 - 100 \times 10}{10\sqrt{100}}\right) - P\left(\frac{\sum\limits_{k=1}^{100} X_k - 100 \times 10}{10\sqrt{100}} \leqslant \frac{900 - 100 \times 10}{10\sqrt{100}}\right)$$

$$= \Phi\left(\frac{1\,200 - 100 \times 10}{10\sqrt{100}}\right) - \Phi\left(\frac{900 - 100 \times 10}{10\sqrt{100}}\right)$$

$$= \Phi(2) - \Phi(-1) = 0.818\,6$$

　　方法二：由指数分布和伽马分布的关系可得

$$Y_k \sim \mathrm{Gamma}(k, 10)$$

则所讨论的 100 件产品的组装时间 Y_{100} 的分布为

$$Y_{100} \sim \text{Gamma}(100,10)$$

由此可得

$$P\left(15 \times 60 \leqslant \sum_{k=1}^{100} X_k \leqslant 20 \times 60\right) = P(900 \leqslant Y_{100} \leqslant 1\ 200) = 0.813\ 9$$

✎ 8. (1) 经验表明：预定餐厅座位而不来就餐的顾客比例为 2%。如今餐厅有 50 个座位，但预定给了 52 位顾客，问到时顾客来到餐厅而没有座位的概率是多少？

(2) 为了保证顾客满意度，通常情况下餐厅会规定顾客来到餐厅而没有座位的概率不得高于 95%，假设餐订将座位预定给了 52 位顾客。据此，为了满足上述要求，餐厅应至少拥有多少个座位？

(3) 假设每天餐厅都会将座位预定给 52 位顾客，且每天预定餐厅座位而不来就餐的顾客比例为 2%，那么 n 天内预定座位但未到餐厅就餐的顾客数的期望为多少？

(4) 假设预定餐厅座位而不来就餐的顾客比例为 20%。如今餐厅有 50 个座位，但预定给了 52 位顾客，问到时顾客来到餐厅而没有座位的概率是多少？

解：(1) **方法一**：设到达餐厅的人数为 X，故 X 的可能取值为 $0,1,2,3,\cdots,50,51,52$。原问题想要求得顾客来到餐厅而没有座位的概率，又因为餐厅仅有 50 个座位，因此可以将此问题理解为到达餐厅的人数为 51 或者 52 的概率，即求出到达餐厅人数为 51 或者 52 的概率和。

为求得分布列，假设到达餐厅人数为 m，则未到达餐厅人数相应地为 $52-m$。又因为预定餐厅座位而不来就餐的顾客比例为 2%，所以出现这种情况的可能性为 $0.98^m \times 0.02^{52-m}$。在所有情况中，到达餐厅人数为 m 的情况会出现 C_{52}^m 次。故到达餐厅人数为 m 的概率为 $C_{52}^m \times 0.98^m \times 0.02^{52-m}$。

综上，可以写出分布列为

X	0	1	…	51	52
P	0.02^{52}	$C_{52}^1 \times 0.98^1 \times 0.02^{51}$	…	$C_{52}^{51} \times 0.98^{51} \times 0.02^1$	0.98^{52}

由此，可以知道 $P(X=51) = C_{52}^{51} \times 0.98^{51} \times 0.02^1$；$P(X=52) = (0.98)^{52}$。从而得到满足问题的概率为

$$P(X=51) + P(X=52) = 0.371\ 161\ 738 + 0.349\ 748\ 561 = 0.720\ 910\ 299$$

方法二：可以将 52 位顾客看成 52 个相互独立的重复随机试验，且随机试验只有两种可能的结果：发生（顾客预定餐厅座位且到达餐厅就餐）和不发生（顾客预定餐厅座位而不来餐厅就餐）。因此可以将问题看成是二项分布进行解答。

一般地，在 n 次独立重复试验中，用 X 表示事件发生的次数，如果事件发生的概率是 p，则 n 次独立重复试验中事件发生 m 次的概率为

$$P(X=m) = C_n^m p^m (1-p)^{n-m}$$

根据题目信息，可知 $n=52$，$p=0.98$，满足题目要求的概率是 $P(X=51)$ 和 $P(X=52)$ 的和。因此，根据二项分布的概率公式可知到时顾客来到餐厅而没有座位的概率为

$$P(X=51) + P(X=52) = C_{52}^{51} \times 0.98^{51} \times 0.02^1 + C_{52}^{52} \times 0.98^{52} \times 0.02^0$$
$$= 0.720\ 910\ 299$$

方法三：根据题目信息，可知 $n=52$。又因为在用泊松分布近似计算二项分布时要求 p 较小，所以在这里重新将 X 设为未到餐厅就餐的顾客数，X 依然服从二项分布，则 $p=0.02$。此时 n，p 均满足要求，因此将 X 近似看成服从 $\lambda=np=52\times0.02=1.04$ 的泊松分布。假设未到餐厅就餐的顾客数为 m，此时概率为

$$P(X=m)=\frac{1.04^m}{m!}e^{-1.04}$$

要计算顾客来到餐厅而没有座位的概率，相当于计算未到达餐厅的人数为 0 或 1 的概率，即求 $P(X=0)$ 和 $P(X=1)$ 的和。故顾客来到餐厅而没有座位的概率为

$$P(X=0)+P(X=1)=\frac{1.04^0}{0!}\times e^{-1.04}+\frac{1.04^1}{1!}\times e^{-1.04}=0.721\,047\,551$$

可以看出在本题中使用方法三和方法二计算的结果相差不大，但是方法三的计算量小了很多。

（2）**方法一**：到达餐厅就餐的人数为 X，根据第（1）题中的方法一得到的分布列，可以计算出

$$P(X=50)+P(X=51)+P(X=52)=0.914\,065\,9$$
$$P(X=49)+P(X=50)+P(X=51)+P(X=52)=0.979\,765\,1$$

所以餐厅应至少拥有 49 个座位。

方法二：由第（1）题中的方法二知，X 服从二项分布，所以根据二项分布的概率公式，可以计算出

$$P(X=50)+P(X=51)+P(X=52)=0.914\,065\,9$$
$$P(X=49)+P(X=50)+P(X=51)+P(X=52)=0.979\,765\,1$$

所以餐厅应至少拥有 49 个座位。

方法三：用泊松分布近似计算二项分布，可以得到泊松分布的概率公式，进而可以计算出

$$P(X=0)+P(X=1)+P(X=2)=0.912\,195\,8$$
$$P(X=0)+P(X=1)+P(X=2)+P(X=3)=0.978\,460\,6$$

注意此时的 X 是预定但未到餐厅就餐的顾客数。所以餐厅应至少拥有 49 个座位。

（3）未到餐厅就餐的顾客数 X 可以近似地看成服从 $\lambda=52\times0.02=1.04$ 的泊松分布。假设 n 天中每天未到餐厅就餐的顾客数为 X_1，X_2，$\cdots$，X_n，且它们相互独立并都服从 $\lambda=1.04$ 的泊松分布。本题的要求是计算 X_1，X_2，$\cdots$，X_n 和的均值，即 $E(X_1+X_2+\cdots+X_n)$。

方法一：因为数学期望的特殊性质：$E(X+Y)=E(X)+E(Y)$，本题可以将所要求的 $X_1+X_2+\cdots+X_n$ 的期望进行拆分，即

$$E(X_1+X_2+\cdots+X_n)=E(X_1)+E(X_2)+\cdots+E(X_n)$$

又因为 X_1，X_2，$\cdots$，X_n 相互独立且都服从 $\lambda=1.04$ 的泊松分布，所以

$$E(X_1)+E(X_2)+\cdots+E(X_n)=n\cdot E(X_1)=n\cdot\lambda=1.04n$$

故 n 天内预定座位但未到餐厅就餐的顾客数的期望为 $1.04n$。

方法二：泊松分布的一个特殊性质是 n 个独立的泊松分布的和仍然服从泊松分布，且参数是 n 个泊松分布的参数的和，即有

$$X_1\sim P(\lambda_1),X_2\sim P(\lambda_2),\cdots,X_n\sim P(\lambda_n)$$

且它们相互独立，则

$$X_1+X_2+\cdots+X_n \sim P(\lambda_1+\lambda_2+\cdots+\lambda_n)$$

利用这条性质，可以快速地求出题目中 n 天内预定座位但未到餐厅就餐的顾客数的分布，即参数为 $n\lambda$ 的泊松分布，再利用泊松分布的期望公式（若 $X \sim P(\lambda)$，则 $E(X)=\lambda$）便可得到 n 天内预定座位但未到餐厅就餐的顾客数的期望为 $n\lambda=1.04n$。

方法三：每天预定座位但未到餐厅就餐的人数服从二项分布 $B(52,0.02)$。它的期望是 $52\times0.02=1.04$。由于期望具有线性可加性，n 天内预定座位但未到餐厅就餐的人数的期望为 $1.04n$。

（4）此题仍有三种方法解答，其中两种方法与第（2）题中的方法一、方法二相同，另一种方法选择利用棣莫夫-拉普拉斯中心极限定理进行解答。在第（2）题的方法三中，选择用泊松分布近似计算二项分布，以减少计算量。这种做法一般要求 n 较大，p 较小。但在将题目中概率由 0.02 改为 0.2 后，p 不再满足较小的要求，且 $np=0.2\times52=10.4$ 也相对较大，故本题不再适合使用泊松分布近似计算二项分布。一般当 $np>5$ 和 $n(1-p)>5$ 时，选用正态分布对二项分布进行近似计算。

由棣莫夫-拉普拉斯中心极限定理知，设

$$Y_n^* = \frac{X-np}{\sqrt{npq}}$$

则对于任意实数 y，有

$$\lim_{n\to\infty}P(Y_n^* \leq y)=\Phi(y)$$

式中：p 为顾客预定但未到达餐厅就餐的概率；X 为 n 次试验中事件出现次数，即未到达餐厅就餐的人数；$q=1-p$；$\Phi(y)$ 是标准正态分布。

再根据题目信息，知道 $n=52$，$p=0.2$，$q=0.8$，要计算的概率为 $P(X=0)+P(X=1)$。因为二项分布是离散型分布，而正态分布是连续型分布，可以近似地将要计算的 $P(X=0)+P(X=1)$ 看成 $P(0\leq X\leq 1)$。此外，在用正态分布作为二项分布的近似计算中，还需要做一些修正以提高精度。若 $k_1<k_2$ 均为整数，一般先做如下修正后再用正态分布近似：

$$P(k_1\leq X\leq k_2)=P(k_1-0.5<X<k_2+0.5)$$

即

$$P(0-0.5<X<1+0.5)\approx\Phi\left(\frac{1+0.5-10.4}{\sqrt{52\times0.8\times0.2}}\right)-\Phi\left(\frac{0-0.5-10.4}{\sqrt{52\times0.8\times0.2}}\right)$$

$$=\Phi(-3.085\,519\,84)-\Phi(-3.778\,895\,09)=0.000\,937\,220\,5$$

因此顾客来到餐厅而没有座位的概率为 0.000 937 220 5。

✏️ **9.** 设随机变量 X 服从参数为 2 的指数分布，试证：$Y=e^{-2X}$ 服从区间 $(0,1)$ 上的均匀分布。

证明：**方法一**：因为 X 的概率密度函数为

$$f_X(x)=\begin{cases}2e^{-2x}, & x>0 \\ 0, & 其他\end{cases}$$

又因为 Y 的可能取值范围是 $(0,1)$，且 $y=e^{-2x}$ 是严格单调递减函数，其反函数为 $x=h(y)=-\dfrac{1}{2}\ln y$，则

$$h'(y) = -\frac{1}{2y}$$

所以 Y 的概率密度函数为

$$f_Y(y) = \begin{cases} f_X\left(-\frac{1}{2}\ln y\right)\left|-\frac{1}{2y}\right|, & 0<y<1 \\ 0, & \text{其他} \end{cases}$$

$$= \begin{cases} 1, & 0<y<1 \\ 0, & \text{其他} \end{cases}$$

即 $Y\sim U(0,1)$。

方法二：先求随机变量 Y 的分布函数，即

$$F(y) = P(Y\leqslant y) = P(e^{-2X}\leqslant y)$$

因为 $0<x<+\infty$，所以 $0<e^{-2x}<1$。

当 $y\leqslant 0$ 时，　　　　$F(y) = P(e^{-2X}\leqslant y) = P(\varnothing) = 0$

当 $0<y<1$ 时，$F(y) = P(e^{-2X}\leqslant y) = P\left(-\frac{1}{2}\ln y\leqslant X\right) = \int_{-\frac{1}{2}\ln y}^{+\infty} 2e^{-2x}\,\mathrm{d}x$

$$= -e^{-2x}\Big|_{-\frac{1}{2}\ln y}^{+\infty} = y$$

当 $y\geqslant 1$ 时，　　　　$F(y) = P(e^{-2X}\leqslant y) = P(\Omega) = 1$

所以随机变量 Y 的分布函数为

$$F_Y(y) = \begin{cases} 0, & y\leqslant 0 \\ y, & 0<y<1 \\ 1, & y\geqslant 1 \end{cases}$$

即 $Y\sim U(0,1)$。

方法三：利用定理。若随机变量 X 的分布函数 $F_X(x)$ 为严格单调递增的连续函数，其反函数 $F_X^{-1}(y)$ 存在，则 $Y=F_X(X)$ 服从 $(0,1)$ 上的均匀分布 $U(0,1)$。

因为 $X\sim E(2)$，所以 $F_X(x) = \begin{cases} 1-e^{-2x}, & x>0 \\ 0, & \text{其他} \end{cases}$。

因为 X 的分布函数 $F_X(x)$ 为严格单调递增的连续函数，其反函数 $F_X^{-1}(y) = -\frac{1}{2}\ln(1-y)$ 存在，所以由定理可知，$Y=F_X(X) = 1-e^{-2X}$ 服从 $(0,1)$ 上的均匀分布 $U(0,1)$。

当 $Y\sim U(0,1)$ 时，$1-Y$ 与 Y 同分布，所以 $1-Y=e^{-2X}\sim U(0,1)$。

---

10. 设随机变量 X 的概率密度函数为 $f(x) = \begin{cases} \dfrac{1}{3x^{2/3}}, & 1\leqslant x\leqslant 8 \\ 0, & \text{其他} \end{cases}$，函数 $F(x)$ 是 X 的分布函数，求 $Y=F(X)$ 的分布函数。

解：**方法一**：由分布函数的定义知，当 $1\leqslant x\leqslant 8$ 时

$$F(x) = P(X<x) = \int_1^x \frac{1}{3}x^{-2/3}\,\mathrm{d}x = \frac{1}{3}\cdot 3x^{1/3}\Big|_1^x = \sqrt[3]{x}-1$$

当 $x<1$ 时

$$F(x)=0$$

当 $x>8$ 时，

$$F(x)=1$$

所以 X 的分布函数为

$$F(x)=\begin{cases}0, & x<1 \\ \sqrt[3]{x}-1, & 1\leqslant x\leqslant 8 \\ 1, & x>8\end{cases}$$

则

$$Y=F(X)=\begin{cases}0, & X<1 \\ \sqrt[3]{X}-1, & 1\leqslant X\leqslant 8 \\ 1, & X>8\end{cases}$$

因此 $Y\in[0,1]$，对于 $\forall y\in[0,1]$，有 $1\leqslant(y+1)^3\leqslant 8$，

则

$$F_Y(y)=P(\sqrt[3]{X}-1\leqslant y)=P[X\leqslant(1+y)^3]$$
$$=\sqrt[3]{(1+y)^3}-1=y$$

所以 $Y=F(X)$ 的分布函数为

$$F_Y(y)=\begin{cases}0, & y<0 \\ y, & 0\leqslant y\leqslant 1 \\ 1, & y>1\end{cases}$$

方法二：由反函数的存在性定理可得，连续严格单调递增函数在定义域上存在反函数。而 X 的分布函数在 $[1,8]$ 上为连续严格单调递增函数，所以也存在反函数。由题可知，当 $x<1$ 时，$F(x)=0$；$1\leqslant x\leqslant 8$ 时，$0\leqslant F(x)\leqslant 1$；当 $x>8$ 时，$F(x)=1$。即 Y 的定义域为 $[0,1]$。对于 $\forall y\in[0,1]$，有

$$F_Y(y)=P[F(X)\leqslant y]=P[X\leqslant F^{-1}(y)]=F(F^{-1}(y))=y$$

所以 $Y=F(X)$ 的分布函数为

$$F_Y(y)=\begin{cases}0, & y<0 \\ y, & 0\leqslant y\leqslant 1 \\ 1, & y>1\end{cases}$$

方法三：由题可知，X 的概率密度函数为 $f(x)=\begin{cases}\dfrac{1}{3x^{2/3}}, & 1\leqslant x\leqslant 8 \\ 0, & 其他\end{cases}$，$Y=F(X)$

$$=\begin{cases}0, & X<1 \\ \sqrt[3]{X}-1, & 1\leqslant X\leqslant 8 \\ 1, & X>8\end{cases}。$$

$Y\in[0,1]$，对于 $\forall y\in[0,1]$，$y=\sqrt[3]{x}-1$，得 $x=h(y)=(y+1)^3$，所以 $h'(y)=3(y+1)^2\neq 0$。因此 $Y=\sqrt[3]{X}-1$ 的概率密度函数为

$$f_Y(y)=3(y+1)^2 f_X((y+1)^3)=3(y+1)^2\frac{1}{3[(y+1)^3]^{2/3}}=1$$

则 $Y=F(X)$ 的分布函数为 $F_Y(y)=\begin{cases} 0, & y<0 \\ y, & 0\leqslant y\leqslant 1 \\ 1, & y>1 \end{cases}$。

11. 设随机变量 X 的概率密度函数为

$$f_X(x)=\begin{cases} \dfrac{2x}{\pi^2}, & 0<x<\pi \\ 0, & \text{其他} \end{cases}$$

求 $Y=\sin X+\cos X$ 的概率密度函数 $f_Y(y)$。

解：方法一： 由于 X 在 $(0,\pi)$ 内取值，所以 $Y=\sin X+\cos X$ 的可能取值区间为 $(-1,\sqrt{2})$。在 Y 的可能取值区间外，$f_Y(y)=0$。

当 $0<x<\pi$ 时，$y=\sin x+\cos x$ 图像如图 2-2 所示。

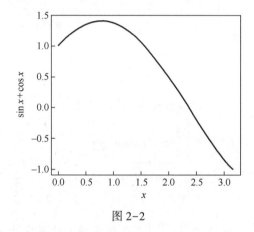

图 2-2

① 当 $1<y\leqslant\sqrt{2}$ 时，使 $\{Y\leqslant y\}$ 的 x 的取值范围为两个互不相交的区间。故 Y 的分布函数为

$$F_Y(y)=P(Y\leqslant y)=P(\sin X+\cos X\leqslant y)=P\left[\sqrt{2}\sin\left(X+\frac{\pi}{4}\right)\leqslant y\right]$$

$$=P\left[\sin\left(X+\frac{\pi}{4}\right)\leqslant\frac{\sqrt{2}}{2}y\right]$$

$$=P\left(0\leqslant X\leqslant\arcsin\frac{\sqrt{2}}{2}y-\frac{\pi}{4}\right)+P\left(\frac{3\pi}{4}-\arcsin\frac{\sqrt{2}}{2}y\leqslant X\leqslant\frac{\pi}{2}\right)$$

$$=\int_0^{\arcsin\frac{\sqrt{2}}{2}y-\frac{\pi}{4}}\frac{2x}{\pi^2}dx+\int_{\frac{3\pi}{4}-\arcsin\frac{\sqrt{2}}{2}y}^{\frac{1}{2}\pi}\frac{2x}{\pi^2}dx$$

在上式两端对 y 求导，得

$$f_Y(y)=\frac{2\sqrt{2}\left(\arcsin\dfrac{\sqrt{2}}{2}y-\dfrac{\pi}{4}\right)}{2\pi^2\sqrt{1-\dfrac{1}{2}y^2}}-\frac{2\sqrt{2}\left(\dfrac{3}{4}\pi-\arcsin\dfrac{\sqrt{2}}{2}y\right)}{2\pi^2\sqrt{1-\dfrac{1}{2}y^2}}$$

$$= \frac{1}{\pi \sqrt{2-y^2}}$$

② 当 $-1 < y \leq 1$ 时，函数 $Y = \sin X + \cos X$ 单调递减。

$$F_Y(y) = P(Y \leq y) = P(\sin X + \cos X \leq y) = P\left(\sqrt{2}\sin\left(X+\frac{\pi}{4}\right) \leq y\right)$$

$$= P\left[\sin\left(X+\frac{\pi}{4}\right) \leq \frac{\sqrt{2}}{2}y\right] = P\left(\frac{3}{4}\pi - \arcsin\frac{\sqrt{2}}{2}y \leq x \leq \pi\right)$$

$$= \int_{\frac{3}{4}\pi - \arcsin\frac{\sqrt{2}}{2}y}^{\pi} \frac{2x}{\pi^2}dx$$

在上式两端对 y 求导，得

$$f_Y(y) = \frac{2\sqrt{2}\left(\frac{3}{4}\pi - \arcsin\frac{\sqrt{2}}{2}y\right)}{2\pi^2\sqrt{1-\frac{1}{2}y^2}} = \frac{\frac{3}{2}\pi - 2\arcsin\left(\frac{\sqrt{2}}{2}y\right)}{\pi^2\sqrt{2-y^2}}$$

综上所述，则

$$f_Y(y) = \begin{cases} \dfrac{1}{\pi\sqrt{2-y^2}}, & 1 < y \leq \sqrt{2} \\ \dfrac{\frac{3}{2}\pi - 2\arcsin\frac{\sqrt{2}}{2}y}{\pi^2\sqrt{2-y^2}}, & -1 < y \leq 1 \\ 0, & 其他 \end{cases}$$

方法二：函数 $Y = \sin X + \cos X$ 在 $\left(0, \frac{\pi}{4}\right]$ 上严格递增，反函数为 $x = \arcsin\frac{\sqrt{2}}{2}y - \frac{\pi}{4}$；函数 $Y = \sin X + \cos X$ 在 $\left(\frac{\pi}{4}, \pi\right)$ 上严格递减，反函数为 $x = \frac{3}{4}\pi - \arcsin\frac{\sqrt{2}}{2}y$。

由 $f_Y(y) = \begin{cases} f_X[h(y)]|h'(y)|, & a < y < b \\ 0, & 其他 \end{cases}$ 可知

① 当 $1 < y \leq \sqrt{2}$ 时，

$$f_Y(y) = f_X[h(y)]|h'(y)| = f_X[h_1(y)]|h_1'(y)| + f_X[h_2(y)]|h_2'(y)|$$

$$= \frac{2\left(\arcsin\frac{\sqrt{2}}{2}y - \frac{\pi}{4}\right)}{\pi^2} \frac{\sqrt{2}}{2\sqrt{1-\frac{1}{2}y^2}} + \frac{2\left(\frac{3}{4}\pi - \arcsin\frac{\sqrt{2}}{2}y\right)}{\pi^2} \frac{\sqrt{2}}{2\sqrt{1-\frac{1}{2}y^2}}$$

$$= \frac{1}{\pi\sqrt{2-y^2}}$$

② 当 $-1 < y \leq 1$ 时，

$$f_Y(y) = f_X[h(y)]|h'(y)| = f_X[h_2(y)]|h_2'(y)|$$

$$= \frac{2\left[\dfrac{3}{4}\pi - \arcsin\left(\dfrac{\sqrt{2}}{2}y\right)\right]}{\pi^2} \frac{\sqrt{2}}{2\sqrt{1-\dfrac{1}{2}y^2}}$$

$$= \frac{\dfrac{3}{2}\pi - 2\arcsin\left(\dfrac{\sqrt{2}}{2}y\right)}{\pi^2\sqrt{2-y^2}}$$

综上所述

$$p_Y(y) = \begin{cases} \dfrac{1}{\pi\sqrt{2-y^2}}, & 1<y\leqslant\sqrt{2} \\[2mm] \dfrac{\dfrac{3}{2}\pi - 2\arcsin\left(\dfrac{\sqrt{2}}{2}y\right)}{\pi^2\sqrt{2-y^2}}, & -1<y\leqslant 1 \\[2mm] 0, & \text{其他} \end{cases}$$

方法三：① 当 $1<y\leqslant\sqrt{2}$ 时，$0<x\leqslant\dfrac{\pi}{2}$。

函数 $Y=\sin X+\cos X$ 的分布为

$$F_Y(y) = P(Y\leqslant y) = P(\sin X+\cos X\leqslant y) = P((\sin X+\cos X)^2\leqslant y^2)$$
$$= P(2\sin X\cos X+1\leqslant y^2) = P(\sin(2X)\leqslant y^2-1)$$
$$= P\left[0\leqslant X\leqslant\frac{1}{2}\arcsin(y^2-1)\right] + P\left[\frac{\pi}{2}-\frac{1}{2}\arcsin(y^2-1)\leqslant X\leqslant\frac{\pi}{2}\right]$$
$$= \int_0^{\frac{1}{2}\arcsin(y^2-1)}\frac{2x}{\pi^2}dx + \int_{\frac{\pi}{2}-\frac{1}{2}\arcsin(y^2-1)}^{\frac{1}{2}\pi}\frac{2x}{\pi^2}dx$$

在上式两端对 y 求导，得

$$f_Y(y) = \frac{4y\left[\dfrac{1}{2}\arcsin(y^2-1)\right]}{2\pi^2\sqrt{2y^2-y^4}} - \frac{4y\left[\dfrac{\pi}{2}-\dfrac{1}{2}\arcsin(y^2-1)\right]}{2\pi^2\sqrt{2y^2-y^4}}$$
$$= \frac{1}{\pi\sqrt{2-y^2}}\quad(1<y\leqslant\sqrt{2})$$

② 当 $0<y\leqslant 1$ 时，$\dfrac{\pi}{2}<x\leqslant\dfrac{3}{4}\pi$。

函数 $Y=\sin X+\cos X$ 的分布为

$$F_Y(y) = P(Y\leqslant y) = P(\sin X+\cos X\leqslant y) = P\left[(\sin X+\cos X)^2\leqslant y^2\right]$$
$$= P(2\sin X\cos X+1\leqslant y^2) = P(\sin 2X\leqslant y^2-1)$$
$$= P\left[\frac{1}{2}\pi-\frac{1}{2}\arcsin(y^2-1)\leqslant X\leqslant\frac{3}{4}\pi\right]$$
$$= \int_{\frac{1}{2}\pi-\frac{1}{2}\arcsin(y^2-1)}^{\frac{3}{4}\pi}\frac{2x}{\pi^2}dx$$

在上式两端对 y 求导，得

$$f_Y(y) = \dfrac{-4y\left[\dfrac{1}{2}\pi - \dfrac{1}{2}\arcsin(y^2-1)\right]}{2\pi^2\sqrt{2y^2-y^4}}$$

$$= \dfrac{\pi - \arcsin(y^2-1)}{\pi^2\sqrt{2-y^2}} \quad (0 < y \leqslant 1)$$

③ 当 $-1 < y \leqslant 0$ 时，$\dfrac{3}{4}\pi < x \leqslant \pi$。

函数 $Y = \sin X + \cos X$ 的分布为

$$F_Y(y) = P(Y \leqslant y) = P(\sin X + \cos X \leqslant y) = P((\sin X + \cos X)^2 \geqslant y^2)$$

$$= P(2\sin X\cos X + 1 \geqslant y^2) = P(\sin(2X) \geqslant y^2 - 1)$$

$$= P\left[\pi + \dfrac{1}{2}\arcsin(y^2 - 1) \leqslant X \leqslant \pi\right] = \int_{\pi + \frac{1}{2}\arcsin(y^2-1)}^{\pi} \dfrac{2x}{\pi^2}\mathrm{d}x$$

在上式两端对 y 求导，得

$$f_Y(y) = \dfrac{-4y\left[\pi + \dfrac{1}{2}\arcsin(y^2-1)\right]}{2\pi^2\sqrt{2y^2-y^4}}$$

$$= \dfrac{2\pi + \arcsin(y^2-1)}{\pi^2\sqrt{2-y^2}} \quad (-1 < y \leqslant 0)$$

综上所述

$$f_Y(y) = \begin{cases} \dfrac{1}{\pi\sqrt{2-y^2}}, & 1 < y \leqslant \sqrt{2} \\[3mm] \dfrac{\pi - \arcsin(y^2-1)}{\pi^2\sqrt{2-y^2}}, & 0 < y \leqslant 1 \\[3mm] \dfrac{2\pi + \arcsin(y^2-1)}{\pi^2\sqrt{2-y^2}}, & -1 < y \leqslant 0 \\[3mm] 0, & \text{其他} \end{cases}$$

第3章 随机变量的数字特征

1. 设随机变量 X 的概率密度函数为

$$p(x)=\begin{cases} \dfrac{1}{2}\cos\dfrac{x}{2}, & 0\le x\le\pi \\ 0, & \text{其他} \end{cases}$$

对 X 独立重复观察 3 次，Y 表示观察值大于 $\pi/3$ 的次数，求 Y 的期望和方差。

解：方法一： 根据 Y 的分布律 $P(Y=k),k=0,1,2,3$ 求解。

对 X 独立重复观察 3 次，则每次观察 X 的值大于 $\pi/3$ 的概率为

$$p=P\left(X>\frac{\pi}{3}\right)=\int_{\pi/3}^{\pi}\frac{1}{2}\cos\frac{x}{2}\mathrm{d}x=\sin\frac{x}{2}\bigg|_{\pi/3}^{\pi}=\frac{1}{2}$$

因此 Y 的分布律为

$$P(Y=k)=\mathrm{C}_3^k p^k\,(1-p)^{3-k},k=0,1,2,3$$

所以 Y 的均值为

$$E(Y)=\sum_{k=0}^{3}kP(Y=k)=\sum_{k=0}^{3}k\mathrm{C}_3^k\left(\frac{1}{2}\right)^k\left(\frac{1}{2}\right)^{3-k}$$

$$=0\times\frac{1}{8}+1\times\frac{3}{8}+2\times\frac{3}{8}+3\times\frac{1}{8}=\frac{3}{2}$$

$$E(Y^2)=\sum_{k=0}^{3}k^2P(Y=k)=\sum_{k=0}^{3}k^2\mathrm{C}_3^k\left(\frac{1}{2}\right)^k\left(\frac{1}{2}\right)^{3-k}$$

$$=0\times\frac{1}{8}+1\times\frac{3}{8}+4\times\frac{3}{8}+9\times\frac{1}{8}=3$$

所以 Y 的方差为

$$V(Y)=E(Y^2)-[E(Y)]^2=\frac{3}{4}$$

方法二： 通过引入新的随机变量 Y_i 求解。

令

$$Y_i=\begin{cases} 1, & \text{第 }i\text{ 次观察值大于 }\pi/3 \\ 0, & \text{第 }i\text{ 次观察值不大于 }\pi/3 \end{cases} \quad(i=1,2,3)$$

Y_i 是相互独立的，则有

$$Y=Y_1+Y_2+Y_3$$

$$P\{Y_i=1\}=\int_{\pi/3}^{\pi}\frac{1}{2}\cos\frac{x}{2}\mathrm{d}x=\sin\frac{x}{2}\bigg|_{\pi/3}^{\pi}=\frac{1}{2},P\{Y_i=0\}=1-\frac{1}{2}=\frac{1}{2}\,。$$

因此

$$E(Y_i) = \frac{1}{2}, E(Y_i^2) = \frac{1}{2}, V(Y_i) = \frac{1}{4}$$

所以 Y 的均值为

$$E(Y) = E(Y_1) + E(Y_2) + E(Y_3) = 3 \times \frac{1}{2} = \frac{3}{2}$$

所以 Y 的方差为

$$V(Y) = \sum_{i=1}^{3} V(Y_i) = \frac{3}{4}$$

2. 配对问题：n 个人将自己的帽子放在一起，充分混合后每人随机地取出一顶，求选中自己帽子人数 X 的均值和方差。

解：方法一：根据 X 的分布律 $P(X=k)$ 求解。

设 A 表示事件"正好有 k 个人选中自己的帽子"，B 表示事件"其他 $n-k$ 个人没有人选中自己的帽子"。根据条件概率公式可得

$$P(AB) = P(A)P(B \mid A)$$

（1）先求事件 A 发生的概率。设 A_i 表示事件"第 i 个人选中自己的帽子"，则

$$P(A) = P(A_1 A_2 \cdots A_k)$$

$$= P(A_1)P(A_2 \mid A_1)P(A_3 \mid A_1 A_2) \cdots P(A_k \mid A_1 A_2 \cdots A_{k-1})$$

$$= \frac{1}{n} \cdot \frac{1}{n-1} \cdot \frac{1}{n-2} \cdot \ldots \cdot \frac{1}{n-k+1} = \frac{(n-k)!}{n!}$$

（2）再求正好有 k 个人选中自己的帽子，而其他 $n-k$ 个人没有选中自己的帽子的条件概率：

$$P(B \mid A) = P_{n-k} = 1 - \overline{P}_{n-k}$$

$\overline{P}_{n-k}$ 为 $n-k$ 个人中至少有 1 个人选中自己的帽子的概率，即

$$\overline{P}_{n-k} = P(B_1 \cup B_2 \cup \cdots \cup B_{n-k})$$

$$P(B_i) = \frac{1}{n-k}$$

$$P(B_i B_j) = \frac{1}{(n-k)(n-k-1)}, i \neq j$$

$$P(B_i B_j B_l) = \frac{1}{(n-k)(n-k-1)(n-k-2)}, i \neq j \neq l$$

$$P(B_1 B_2 \cdots B_{n-k}) = \frac{1}{(n-k)!}$$

所以由概率的加法公式有

$$\overline{P}_{n-k} = P(B_1 \cup B_2 \cup \cdots \cup B_{n-k})$$

$$= 1 - \frac{1}{2!} + \frac{1}{3!} + \cdots + (-1)^{n-k-1} \frac{1}{(n-k)!}$$

因此

$$P(B\,|\,A)=P_{n-k}=1-\overline{P}_{n-k}$$

$$=\frac{1}{2!}-\frac{1}{3!}+\cdots+(-1)^{n-k}\frac{1}{(n-k)!}$$

$$=\sum_{i=0}^{n-k}\frac{(-1)^i}{i!}$$

$$P(AB)=P(A)P(B\,|\,A)$$

$$=\frac{(n-k)!}{n!}\sum_{i=0}^{n-k}\frac{(-1)^i}{i!}$$

（3）正好有 k 个人选中自己的帽子的 k 有 C_n^k 种，则选中自己帽子人数 $X=k$ 的概率为

$$P(X=k)=C_n^k P(AB)=\frac{1}{k!}\sum_{i=0}^{n-k}\frac{(-1)^i}{i!}$$

k 的取值为 $0,1,2,\cdots,n-2,n$。如果有 $n-1$ 个人选中自己的帽子即为 n 个人都选中自己的帽子，$k=n-1$ 不成立，但 $k=n-1$ 满足上述公式。事实上，当 $k=n-1$ 时，$P(AB)=0$。

则选中自己帽子人数 X 的均值为

$$E(X)=\sum_{k=0}^n kP(X=k)=\sum_{k=1}^n\frac{1}{(k-1)!}\sum_{i=0}^{n-k}\frac{(-1)^i}{i!}=1$$

$$E(X^2)=\sum_{k=0}^n k^2P(X=k)=\sum_{k=1}^n\frac{1}{(k-1)!}\sum_{i=0}^{n-k}\frac{(-1)^i}{i!}+\sum_{k=2}^n\frac{1}{(k-2)!}\sum_{i=0}^{n-k}\frac{(-1)^i}{i!}=1+1=2$$

选中自己帽子人数 X 的方差为

$$V(X)=E(X^2)-[E(X)]^2=1$$

上述求均值和方差的式子，也可以通过代入 $n=2,3,\cdots$ 的取值，求解均满足 $E(X)=1$，$V(X)=1$。

方法二：通过引入新的随机变量 X_i 求解。

令

$$X_i=\begin{cases}1,&\text{第 }i\text{ 个人选中自己的帽子}\\0,&\text{其他}\end{cases}\quad(i=1,2,\cdots,n)$$

X_i 不是相互独立的，则选中自己帽子人数

$$X=X_1+X_2+\cdots+X_n$$

有 $P(X_i=1)=\dfrac{1}{n},P(X_i=0)=1-\dfrac{1}{n}=\dfrac{n-1}{n}$。

所以 $E(X_i)=\dfrac{1}{n},E(X_i^2)=\dfrac{1}{n},V(X_i)=E(X_i^2)-[E(X_i)]^2=\dfrac{n-1}{n^2}$。

因此

$$E(X)=E(X_1)+E(X_2)+\cdots+E(X_n)=n\cdot\frac{1}{n}=1$$

令

$$X_iX_j=\begin{cases}1,&\text{第 }i\text{ 个人和第 }j\text{ 个人都选中自己的帽子}\\0,&\text{其他}\end{cases}\quad(i\neq j)$$

则有

$$E(X_iX_j) = P(X_i = 1, X_j = 1) = P(X_i = 1)P(X_j = 1 \mid X_i = 1) = \frac{1}{n(n-1)}$$

$$\mathrm{Cov}(X_iX_j) = E(X_iX_j) - E(X_i)E(X_j) = \frac{1}{n^2(n-1)}$$

所以

$$V(X) = \sum_{i=1}^{n} V(X_i) + 2\sum_{i<j} \mathrm{Cov}(X_iX_j) = \frac{n-1}{n} + 2C_n^2 \frac{1}{n^2(n-1)} = 1$$

✐ 3. 一台设备由 3 个部件构成，在设备运行过程中各部件需要调整的概率响应分别为 0.1，0.2，0.3。假设各部件的状态相互独立，以 X 表示同时需要调整的部件数，试求 X 的数学期望。

解：方法一：设事件 A，B，C 分别表示 3 个部件需要调整，易知这 3 个事件是相互独立的。则有 $P(A) = 0.1, P(B) = 0.2, P(C) = 0.3$。

X 表示同时需要调整的部件数，则有 $X = \{0, 1, 2, 3\}$。

$$P(X = 1) = P(A\bar{B}\bar{C}) + P(\bar{A}B\bar{C}) + P(\bar{A}\bar{B}C)$$
$$= 0.1 \times 0.8 \times 0.7 + 0.9 \times 0.2 \times 0.7 + 0.9 \times 0.8 \times 0.3 = 0.398$$
$$P(X = 2) = P(AB\bar{C}) + P(A\bar{B}C) + P(\bar{A}BC)$$
$$= 0.1 \times 0.2 \times 0.7 + 0.1 \times 0.8 \times 0.3 + 0.9 \times 0.2 \times 0.3 = 0.092$$
$$P(X = 3) = P(ABC) = 0.1 \times 0.2 \times 0.3 = 0.006$$
$$P(X = 0) = 1 - P(X = 1) - P(X = 2) - P(X = 3) = 0.504$$

则 X 的分布律为

X	0	1	2	3
P	0.504	0.398	0.092	0.006

数学期望为

$$E(X) = \sum_{i=0}^{3} x_i p_i = 0 \times P(X = 0) + 1 \times P(X = 1) + 2 \times P(X = 2) + 3 \times P(X = 3)$$
$$= 0 + 1 \times 0.398 + 2 \times 0.092 + 3 \times 0.006 = 0.6$$

方法二：设 $X_i = \begin{cases} 1, & \text{第 } i \text{ 个部件需要调整} \\ 0, & \text{其他} \end{cases}$ $(i = 0, 1, 2, 3)$

则部件数 $X = X_1 + X_2 + X_3$，且 X_1, X_2, X_3 相互独立。

而 $X_i (i = 1, 2, 3)$ 服从两点分布，其中

$$P(X_1 = 1) = 0.1, P(X_2 = 1) = 0.2, P(X_3 = 1) = 0.3$$

则 $E(X) = E(X_1) + E(X_2) + E(X_3) = 0.1 + 0.2 + 0.3 = 0.6$。

✐ 4. （死亡左轮游戏）一把装弹数为 6 的左轮枪，仅装入一发子弹后，随机转动弹仓，然后轮流开枪。若枪没响，则换下一人继续开枪，重复此过程直至枪响为止。求枪响时开枪次数 X 的数学期望。

解：方法一：求分布律。

X 的取值为 1，2，3，4，5，6。

X	1	2	3	4	5	6
P	$\dfrac{1}{6}$	$\dfrac{1}{6}$	$\dfrac{1}{6}$	$\dfrac{1}{6}$	$\dfrac{1}{6}$	$\dfrac{1}{6}$

则开枪次数 X 的数学期望为

$$E(X) = \sum_{i=1}^{n} iP(X=i) = \frac{1}{6} + 2 \times \frac{1}{6} + 3 \times \frac{1}{6} + 4 \times \frac{1}{6} + 5 \times \frac{1}{6} + 6 \times \frac{1}{6} = 3.5(\text{次})$$

方法二：不求分布律。

设 $X_i = \begin{cases} i, & \text{第 } i \text{ 次枪响了} \\ 0, & \text{第 } i \text{ 次枪没响} \end{cases}$，$i = 1,2,\cdots,6$。$X_i$ 之间不相互独立，但是有开枪次数 $X = \sum_{i=1}^{6} X_i$。则

$$P(X_i = i) = \frac{5}{6} \times \frac{4}{5} \times \cdots \times \frac{1}{6-i} = \frac{1}{6}$$

$$P(X_i = 0) = 1 - \frac{1}{6} = \frac{5}{6}$$

$$E(X_i) = 0 \times P(X_i) + i \times P(X_i) = \frac{i}{6} \ (i=1,2,\cdots,6)$$

于是，开枪次数 X 的数学期望为

$$E(X) = E\left(\sum_{i=1}^{6} X_i\right) = \sum_{i=1}^{6} E(X_i) = \sum_{i=1}^{6} \frac{i}{6} = 3.5(\text{次})$$

方法三：

设 $X_i = \begin{cases} 1, & \text{第 } i \text{ 次及之后枪响了} \\ 0, & \text{反之} \end{cases}$，$i = 1,2,\cdots,6$。$X_i$ 之间不相互独立，但是有开枪次数 $X = \sum_{i=1}^{6} X_i$。则

$$P(X_i = 1) = \frac{6-(i-1)}{6} = \frac{7-i}{6}$$

$$P(X_i = 0) = 1 - \frac{7-i}{6} = \frac{i-1}{6}$$

$$E(X_i) = 0 \times P(X_i) + 1 \times P(X_i) = \frac{6-i}{6} \ (i=1,2,\cdots,6)$$

于是，开枪次数 X 的数学期望为

$$E(X) = E\left(\sum_{i=1}^{6} X_i\right) = \sum_{i=1}^{6} E(X_i) = \sum_{i=1}^{6} \frac{6-i}{6} = 3.5(\text{次})$$

方法四：设 $X_i = \begin{cases} 1, & \text{从第一次到第 } i \text{ 次枪响了} \\ 0, & \text{反之} \end{cases} \ (i=1,2,\cdots,5)$

则有 $X_6=1$（因为第一次到第六次之间枪必然响）。

X_i 之间不相互独立，但是有开枪次数 $X=\sum\limits_{i=1}^{6}X_i$。

则

$$P(X_i=1)=\frac{i}{6}$$

$$P(X_i=0)=1-\frac{i}{6}=\frac{6-i}{6}$$

$$E(X_i)=0\times P(X_i)+1\times P(X_i)=\frac{i}{6}(i=1,2,\cdots,5)$$

$$E(X_6)=1$$

于是，开枪次数 X 的数学期望为

$$E(X)=E\Big(\sum_{i=1}^{6}X_i\Big)=\sum_{i=1}^{6}E(X_i)=\sum_{i=1}^{5}\frac{i}{6}+1=3.5(次)$$

📝 **5.** 某班级一共有 5 个学生，在过圣诞节时，这些同学每人送出一个礼物，然后所有人在礼物中随机抽取一个作为自己的圣诞节礼物。假设每位学生抽到每种礼物是等可能的，求抽到自己送出的礼物的学生数 X 的期望。

解：方法一：分布律法。

X 取值为 $0,1,2,3,4,5$，则

$$P(X=5)=\frac{1}{A_5^5}=\frac{1}{120},\quad P(X=4)=\frac{0}{A_5^5}=0,\quad P(X=3)=\frac{C_5^3\times1}{A_5^5}=\frac{1}{12}$$

$$P(X=2)=\frac{C_5^2\times2}{A_5^5}=\frac{1}{6},\quad P(X=1)\frac{C_5^1\times3\times(1+1+1)}{A_5^5}=\frac{3}{8},\quad P(X=0)=\frac{4\times(2+3\times3)}{A_5^5}=\frac{11}{30}$$

这里有必要说明一下 1 和 0 两种取值概率的计算方法。这里如果不用这种计算方法而用枚举法，由于有 120 种可能，将变得极为烦琐。

为了方便说明，将学生标号 1，2，3，4，5，对应礼物也进行标号。首先，说明一下 X 取值为 1 的情况。

首先从 5 名学生中找出抽到自己礼物的同学，不妨令这名同学为 5 号，其余 1 至 4 号同学均没有拿到自己的礼物。观察 1 号同学。他可以拿 2，3，4 号礼物中的任意一个，所以有三种情况，那不妨设他拿了 2 号礼物，那么接下来对于 2 号学生，他拿 1，3，4 号礼物均可。

当 2 号学生抽取 1 号礼物时，剩余 3，4 号学生只能互换礼物，只有一种可能。

当 2 号学生抽取 3 号礼物时，剩余 3 号学生只能拿 4 号礼物，4 号学生只能拿 1 号礼物，只有一种可能。

当 2 号学生抽取 4 号礼物时，剩余 4 号学生只能拿 3 号礼物，3 号学生只能拿 1 号礼物，只有一种可能。

当 X 取值为 0 时，计算方法与上述基本一致。对于 1 号学生，他有四种选择，我们不妨设他选的为 2 号礼物。

那么对 2 号学生，他也同样有四种选择（1，3，4，5 号礼物），但是当他选择 1 号礼物

时，其他三位同学（3，4，5 号）就变成了三人交换礼物，此时有两种可能（4，5，3 和 5，3，4）。

当 2 号学生选择其他 3 个礼物时，不妨设他选了 3 号礼物，那对于 3，4，5 号这三名学生，可以选 1，4，5 号礼物，有三种可能（1，5，4 和 4，5，1 和 5，1，4）。

于是，我们可以得到 X 的分布律为

X	0	1	2	3	4	5
P	$\dfrac{11}{30}$	$\dfrac{3}{8}$	$\dfrac{1}{6}$	$\dfrac{1}{12}$	0	$\dfrac{1}{120}$

$$E(X) = \sum_{i=0}^{5} i \times P(i) = 0 \times \frac{11}{30} + 1 \times \frac{3}{8} + 2 \times \frac{1}{6} + 3 \times \frac{1}{12} + 4 \times 0 + 5 \times \frac{1}{120} = 1(人)$$

方法二：非分布律法。

令 $X_i = \begin{cases} 1, & 第 i 名同学抽到了自己的礼物 \\ 0, & 第 i 名同学没抽到自己的礼物 \end{cases} (i=1,2,3,4,5)$

X_i 之间不相互独立，但是有 $X = \sum\limits_{i=1}^{5} X_i$。

则

$$P(X_i = 1) = \frac{1}{5}$$

$$P(X_i = 0) = 1 - \frac{1}{5} = \frac{4}{5}$$

$$E(X_i) = 0 \times P(X_i) + 1 \times P(X_i) = \frac{1}{5} (i=1,2,\cdots,5)$$

于是，抽到自己的礼物的学生数 X 的数学期望为

$$E(X) = E\left(\sum_{i=1}^{5} X_i\right) = \sum_{i=1}^{5} E(X_i) = \sum_{i=1}^{5} \frac{1}{5} = 1(人)$$

6. 若有 n 把看上去样子相同的钥匙，只有一把能打开门上的锁，用它们去试开门上的锁，设取到每把钥匙是等可能的，若每把钥匙试开一次后除去，求试开次数 X 的数学期望。

方法一：分布律法。

X 的取值为 $1,2,\cdots,n$。

$$P(X=1) = \frac{1}{n}, P(X=2) = \frac{n-1}{n} \times \frac{1}{n-1} = \frac{1}{n}, \cdots, P(X=n) = \frac{1}{n}。$$

X	1	2	3	$\cdots$	n
P	$\dfrac{1}{n}$	$\dfrac{1}{n}$	$\dfrac{1}{n}$	$\cdots$	$\dfrac{1}{n}$

$$E(X) = \sum_{i=1}^{n} i \times P(X=i) = \sum_{i=1}^{n} i \times \frac{1}{n} = \frac{n+1}{2}$$

方法二：令 $X_i = \begin{cases} i, & 第 i 次试开可以开门 \\ 0, & 第 i 次试开不可以开门 \end{cases} (i=1,2,\cdots,n)$

试开次数 $X = X_1 + X_2 + \cdots + X_n$

$$P(X_i=i)=\frac{n-1}{n}\cdot\frac{n-2}{n-1}\cdot\cdots\cdot\frac{1}{n-i+1}=\frac{1}{n},P(X_i=0)=1-\frac{1}{n}$$

$$E(X_i)=0\times P(X_i=0)+i\times P(X_i=i)=\frac{i}{n}$$

$$E(X)=E(X_1+\cdots+X_n)=\frac{1}{n}+\frac{2}{n}+\cdots+\frac{n}{n}=\frac{n+1}{2}$$

方法三：令 $X_i=\begin{cases}1 & \text{第 1 到 } i \text{ 次未开锁}\\0 & \text{其他}\end{cases}$ $(i=1,2,\cdots,n-1)$

且 $X_n=1$，则试开次数 $X=X_1+\cdots+X_n$。

$$P(X_i=i)=\frac{n-1}{n}\times\frac{n-2}{n-1}\times\cdots\times\frac{n-i}{n-i+1}=\frac{n-i}{n},P(X_i=0)=1-\frac{n-i}{n}=\frac{i}{n}$$

$$E(X_i)=0\times P(X_i=0)+1\times P(X_i=1)=\frac{n-i}{n}$$

$$E(X)=E(X_1+\cdots+X_n)=\sum_{i=1}^{n-1}\frac{n-i}{n}+1=\frac{n+1}{2}$$

7. 有 3 只球和 4 个盒子，盒子的编号为 1，2，3，4。将球逐个独立随机地放入 4 个盒子中去，以 X 表示其中至少有一只球的盒子的最小编号（例如 $X=3$ 表示 1 号、2 号盒子是空的，3 号盒子至少有一只球），试求 $E(X)$。

解：**方法一**：由于每只球都有 4 种放法，则共有 $4^3=64$ 种放法。其中 3 只球都放在 4 号盒子中的放法只有 1 种，从而

$$P(X=4)=\frac{1}{64}$$

又 $\{X=3\}$ 表示"1，2 号盒子空，3 号盒子不空"，故球只能放在 3，4 号盒子中，共有 $2^3=8$ 种放法，但是其中有一种情况是球都在 4 号盒子中，3 号盒子空，这种情况应该被排除。故有

$$P(X=3)=\frac{2^3-1}{64}=\frac{7}{64}$$

同理，

$$P(X=2)=\frac{3^3-2^3}{64}=\frac{19}{64}$$

$$P(X=1)=\frac{4^3-3^3}{64}=\frac{37}{64}$$

因此

$$E(X)=\sum_{i=1}^{4}iP(X=i)=\frac{25}{16}$$

方法二：以 A_i 表示第 i 个盒子是空盒，$i=1,2,3,4$。$\{X=1\}$ 表示"第一个盒子至少有 1 个球"，因此 $\{X=1\}=\overline{A_1}$，故

$$P(X=1)=P(\overline{A_1})=1-P(A_1)=1-\left(\frac{3}{4}\right)^3=\frac{37}{64}$$

$\{X=2\}$ 表示"第一个盒子是空盒，而第二个盒子中至少有 1 个球"，因此 $\{X=2\}=A_1\bar{A}_2$，故

$$P(X=2)=P(A_1\bar{A}_2)=P(\bar{A}_2\mid A_1)P(A_1)=\left[1-P(A_2\mid A_1)\right]P(A_1)$$

$$=\left[1-\left(\frac{2}{3}\right)^3\right]\times\left(\frac{3}{4}\right)^3=\frac{19}{64}$$

类似地，

$$P(X=3)=P(A_1A_2\bar{A}_3)=P(\bar{A}_3\mid A_1A_2)P(A_2\mid A_1)P(A_1)$$

$$=\left[1-\left(\frac{1}{2}\right)^3\right]\times\left(\frac{2}{3}\right)^3\times\left(\frac{3}{4}\right)^3=\frac{7}{64}$$

$$P(X=4)=1-\frac{37}{64}-\frac{19}{64}-\frac{7}{64}=\frac{1}{64}$$

因此

$$E(X)=\sum_{i=1}^{4}iP(X=i)=\frac{25}{16}$$

　　方法三：将球编号以 X_1,X_2,X_3 分别记 1 号，2 号，3 号球所落入的盒子的号码数。则 X_1，X_2,X_3 都是随机变量，记 $X=\min\{X_1,X_2,X_3\}$。由题意知，我们需要求

$$E(X)=E(\min\{X_1,X_2,X_3\})$$

因 X_1,X_2,X_3 具有相同的分布律，分布律如下

X_j	1	2	3	4
p_k	1/4	1/4	1/4	1/4

因而 X_1,X_2,X_3 具有相同的分布函数，分布函数如下

$$F(z)=\begin{cases}0, & z<1\\[2mm]\dfrac{1}{4}, & 1\leqslant z<2\\[2mm]\dfrac{2}{4}, & 2\leqslant z<3\\[2mm]\dfrac{3}{4}, & 3\leqslant z<4\\[2mm]1, & z\geqslant4\end{cases}$$

于是由次序统计量分布函数计算公式，易得 $X=\min\{X_1,X_2,X_3\}$ 的分布函数如下

$$F_{\min}(z)=1-\left[1-F(z)\right]^3=\begin{cases}1-(1-0)^3=0, & z<1\\[2mm]1-\left(1-\dfrac{1}{4}\right)^3=\dfrac{37}{64}, & 1\leqslant z<2\\[2mm]1-\left(1-\dfrac{2}{4}\right)^3=\dfrac{56}{64}, & 2\leqslant z<3\\[2mm]1-\left(1-\dfrac{3}{4}\right)^3=\dfrac{63}{64}, & 3\leqslant z<4\\[2mm]1-(1-1)^3=1, & z\geqslant4\end{cases}$$

从而 $X = \min\{X_1, X_2, X_3\}$ 的分布律如下

X	1	2	3	4
p_k	37/64	19/64	7/64	1/64

可得

$$E(X) = \frac{25}{16}$$

8. 设 $X \sim \mathrm{B}(n, p)$，令

$$Y = \begin{cases} 1, & X \text{ 取偶数} \\ 0, & X \text{ 取奇数} \end{cases}$$

试求 $E(Y)$。

解：方法一： 令

$$p_n = P\{X \text{ 取偶数}\} = P\left\{X = 0 \text{ 或 } X = 2 \text{ 或 } \cdots \text{ 或 } X = 2\left[\frac{n}{2}\right]\right\}$$

$$= \sum_{k=0}^{\left[\frac{n}{2}\right]} P(X = 2k) = \sum_{k=0}^{\left[\frac{n}{2}\right]} \mathrm{C}_n^{2k} p^{2k} (1-p)^{n-2k}$$

$$p_n = P\{X \text{ 取奇数}\} = P\left\{X = 1 \text{ 或 } X = 3 \text{ 或 } \cdots \text{ 或 } X = 2\left[\frac{n+1}{2}\right] - 1\right\}$$

$$= \sum_{k=1}^{\left[\frac{n+1}{2}\right]} P(X = 2k - 1) = \sum_{k=1}^{\left[\frac{n+1}{2}\right]} \mathrm{C}_n^{2k-1} p^{2k-1} (1-p)^{n-(2k-1)}$$

显然有 $p_n + q_n = 1$。

$$p_n - q_n = \sum_{k=0}^{\left[\frac{n}{2}\right]} \mathrm{C}_n^{2k} p^{2k} (1-p)^{n-2k} - \sum_{k=1}^{\left[\frac{n+1}{2}\right]} \mathrm{C}_n^{2k-1} p^{2k-1} (1-p)^{n-(2k-1)}$$

$$= \sum_{k=0}^{\left[\frac{n}{2}\right]} \mathrm{C}_n^{2k} (-p)^{2k} (1-p)^{n-2k} + \sum_{k=1}^{\left[\frac{n+1}{2}\right]} \mathrm{C}_n^{2k} (-p)^{2k-1} (1-p)^{n-(2k-1)}$$

$$= \sum_{l=0}^{n} \mathrm{C}_n^{l} (-p)^{l} (1-p)^{n-l} = (1 - 2p)^n$$

将上述两式联立得

$$p_n = P(X \text{ 取偶数}) = \frac{1 + (1-2p)^n}{2}$$

又 Y 是参数为 p_n 的 0-1 分布，于是

$$E(Y) = p_n = \frac{1 + (1-2p)^n}{2}$$

方法二： 在 n 重伯努利试验中事件 A 发生的次数就是此题中的随机变量 X。设 B_i 为事件 i 重伯努利试验中有偶数次成功，$i = n-1, n, n = 2, 3, \cdots$，则 $B_{n-1}, \overline{B}_{n-1}$ 为一完备事件组。令

$$P(B_i) = p_i, i = n-1, n$$

我们约定，此解法中的 n 重伯努利试验是在 $(n-1)$ 重伯努利试验的基础上，再增加 1 次伯努利试验（第 n 次伯努利试验）而得到的。

设 A_n 为事件第 n 次伯努利试验 A 发生，则有 $P(A_n)=p,P(\overline{A}_n)=1-p$，根据上述约定和条件概率的概念，则有

$$P(B_n \mid B_{n-1})=P(\overline{A}_n)=1-p,P(B_n \mid \overline{B}_{n-1})=P(A_n)=p$$

由全概率公式，得

$$P(B_n)=P(B_{n-1})P(B_n \mid B_{n-1})+P(\overline{B}_{n-1})P(B_n \mid \overline{B}_{n-1})$$
$$p_n=p_{n-1}(1-p)+(1-p_{n-1})p=p+(1-2p)p_{n-1},n=2,3,\cdots \tag{1}$$

由（1）式利用递推的方法，可得

$$\begin{aligned}p_n&=p+(1-2p)\left[p+(1-2p)p_{n-2}\right]=p+(1-2p)p+(1-2p)^2 p_{n-2}\\&=p+(1-2p)p+(1-2p)^2 p+(1-2p)^3 p_{n-3}\\&\quad\vdots\\&=p+(1-2p)p+(1-2p)^2 p+(1-2p)^3 p+\cdots+(1-2p)^{n-2}p+(1-2p)^{n-1}p_1\end{aligned} \tag{2}$$

而 p_1 即为 1 重伯努利试验中有偶数次（零次）成功的概率，$p_1=1-p$。将 $p_1=1-p$ 代入（2）式，利用等比级数有限项求和公式，并进行整理化简，则得

$$p_n=\frac{1+(1-2p)^n}{2}$$

又 Y 是参数为 p_n 的 0-1 分布，于是

$$E(Y)=p_n=\frac{1+(1-2p)^n}{2}$$

9. （1）设 X，Y 独立同分布，且都服从正态分布 $N(0,1)$，求 $E[\max\{X,Y\}]$。

（2）若 X，Y 独立且同服从 $N(\mu,\sigma^2)$，求 $E[\max\{X,Y\}]$。

解：（1）**方法一**：先求最大值的分布函数，再求其数学期望。

由题，两者的密度函数均为 $\varphi(x)$，分布函数均为 $\Phi(x)$，则记 $Z=\max\{X,Y\}$，其分布函数为 $F(z)=[\Phi(z)]^2$，密度函数为 $f(z)=F'(z)=2\Phi(z)\varphi(z)$，故

$$E[\max\{X,Y\}]=\int_{-\infty}^{+\infty}z\cdot 2\Phi(z)\varphi(z)\mathrm{d}z=\int_{-\infty}^{+\infty}z\cdot 2\Phi(z)\cdot\frac{1}{\sqrt{2\pi}}\mathrm{e}^{-\frac{z^2}{2}}\mathrm{d}z$$

$$=\frac{2}{\sqrt{2\pi}}\int_{-\infty}^{+\infty}\Phi(z)\cdot(-1)\mathrm{d}(\mathrm{e}^{-\frac{z^2}{2}})=-\frac{2}{\sqrt{2\pi}}\Phi(z)\,\mathrm{e}^{-\frac{z^2}{2}}\bigg|_{-\infty}^{+\infty}+\frac{2}{\sqrt{2\pi}}\int_{-\infty}^{+\infty}\mathrm{e}^{-\frac{z^2}{2}}\varphi(z)\mathrm{d}z$$

$$=0+\frac{2}{\sqrt{2\pi}}\int_{-\infty}^{+\infty}\mathrm{e}^{-\frac{z^2}{2}}\frac{1}{\sqrt{2\pi}}\mathrm{e}^{-\frac{z^2}{2}}\mathrm{d}z=\frac{2}{2\pi}\int_{-\infty}^{+\infty}\mathrm{e}^{-z^2}\mathrm{d}z=\frac{1}{\pi}\sqrt{\pi}=\frac{1}{\sqrt{\pi}}。$$

方法二：直接求最大值函数的期望。(X,Y) 的联合密度函数为

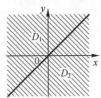

$$p(x,y)=\varphi(x)\varphi(y)=\frac{1}{2\pi}e^{-\frac{x^2+y^2}{2}}\ (-\infty<x,y<+\infty)$$

故

$$
\begin{aligned}
E[\max\{X,Y\}] &= \int_{-\infty}^{+\infty}\int_{-\infty}^{+\infty}\max\{x,y\}p(x,y)\mathrm{d}x\mathrm{d}y \\
&= \iint_{D_1}y\cdot\frac{1}{2\pi}e^{-\frac{x^2+y^2}{2}}\mathrm{d}x\mathrm{d}y + \iint_{D_2}x\cdot\frac{1}{2\pi}e^{-\frac{x^2+y^2}{2}}\mathrm{d}x\mathrm{d}y \\
&= 2\iint_{D_1}y\cdot\frac{1}{2\pi}e^{-\frac{x^2+y^2}{2}}\mathrm{d}x\mathrm{d}y = \frac{1}{\pi}\int_{-\infty}^{+\infty}\mathrm{d}x\int_x^{+\infty}ye^{-\frac{x^2+y^2}{2}}\mathrm{d}y \\
&= \frac{1}{\pi}\int_{-\infty}^{+\infty}\mathrm{d}x\cdot(-1)e^{-\frac{x^2+y^2}{2}}\Big|_x^{+\infty} = \frac{1}{\pi}\int_{-\infty}^{+\infty}e^{-x^2}\mathrm{d}x = \frac{1}{\pi}\cdot\sqrt{\pi} = \frac{1}{\sqrt{\pi}}
\end{aligned}
$$

（2）**方法一**：先求最大值的分布函数，再求其数学期望。（具体做法与第（1）题中的方法一类似）

方法二：直接求最大值函数的期望。（具体做法与第（1）题中的方法二类似）

方法三：标准化后随机变量 $\dfrac{X-\mu}{\sigma}$ 与 $\dfrac{Y-\mu}{\sigma}$ 相互独立且同服从 $N(0,1)$，则有 $E\left[\max\left\{\dfrac{X-\mu}{\sigma},\dfrac{Y-\mu}{\sigma}\right\}\right]=\dfrac{1}{\sqrt{\pi}}$，故

$$E[\max\{X,Y\}]=\mu+\sigma\cdot E\left[\max\left\{\frac{X-\mu}{\sigma},\frac{Y-\mu}{\sigma}\right\}\right]=\mu+\frac{\sigma}{\sqrt{\pi}}$$

10. 设在区间 $(0,1)$ 上随机取 n 个点，求相距最远的两点间的距离的数学期望。

解：方法一：

设所取得的 n 个点为 $X_1,X_2,\cdots,X_n$，则 $X_i(i=1,2,\cdots,n)$ 服从 $(0,1)$ 上的均匀分布，即

$$F_{x_i}(x_i)=\begin{cases}1, & 0<x_i<1 \\ 0, & 其他\end{cases}$$

设相距最远的两点间距离为 H，则

$$H=\max\{X_1,X_2,\cdots,X_n\}-\min\{X_1,X_2,\cdots,X_n\}$$

设 $Z=\max\{X_1,X_2,\cdots,X_n\}$，$T=\min\{X_1,X_2,\cdots,X_n\}$，则

$$H=Z-T$$

$$F_Z(z)=n\cdot z^{n-1}\cdot 1=nz^{n-1}$$

$$E(Z)=\int_0^1 z\cdot nz^{n-1}\mathrm{d}z=\frac{n}{n+1}$$

$$f_T(t)=n(1-t)^{n-1}$$

$$E(T)=\int_0^1 t\cdot n(1-t)^{n-1}\mathrm{d}t=n\cdot\frac{1}{n(n+1)}=\frac{1}{n+1}$$

$$E(\max\{X_1,X_2,\cdots,X_n\}-\min\{X_1,X_2,\cdots X_n\})=E(H)=E(Z)-E(T)=\frac{n-1}{n+1}$$

方法二：n 个点把区间 $(0,1)$ 分为 $n+1$ 段，它们的长度依次记为 $Y_1,Y_2,\cdots,Y_{n+1}$。因为此

n 个点是随机取的，所以 $Y_1,Y_2,\cdots,Y_{n+1}$ 具有相同的分布，从而有相同的数学期望。又因 $Y_1+Y_2+\cdots+Y_{n+1}=1$，因此

$$E(Y_1)=E(Y_2)=\cdots=E(Y_{n+1})=\frac{1}{n+1}$$

而相距最远的两点间的距离为 $Y_2+Y_3+\cdots+Y_n$，因此所求期望为

$$E(Y_2+Y_3+\cdots+Y_n)=\frac{n-1}{n+1}$$

方法三：设总体 X 的密度函数为 $f(x)$，分布函数为 $F(x)$，$x_1,x_2,\cdots,x_n$ 为样本，则第 k 个次序统计量 $x_{(k)}$ 的密度函数为

$$F_k(x)=\frac{n!}{(k-1)!(n-k)!}(F(x))^{k-1}(1-F(x))^{n-k}f(x)$$

下面求次序统计量 $(x_{(i)},x_{(j)})$ 的联合分布。

设 $Y=X_{(i)}$，$Z=X_{(j)}$，对增量 Δy，Δz 以及 $y<z$，事件 $\{x_{(i)}\in(y,y+\Delta y],x_{(j)}\in(z,z+\Delta z]\}$ 可以表述为"容量为 n 的样本 $x_1,x_2,\cdots,x_n$ 中，有 $(i-1)$ 个观测值小于等于 y，有 1 个落入区间 $(y,y+\Delta y]$，有 $(j-i-1)$ 个落入区间 $(y+\Delta y,z]$，有 1 个落入区间 $(z,z+\Delta z]$，而余下 $(n-j)$ 个大于 $z+\Delta z$"，于是由多项分布可得

$$P(x_{(i)}\in(y,y+\Delta y),x_{(j)}\in(z,z+\Delta z))$$

$$\approx\frac{n!}{(i-1)!1!(j-i-1)!1!(n-j)!}\left[F(y)\right]^{i-1}f(y)\Delta y\left[F(z)-F(y+\Delta y)\right]^{j-i-1}f(z)\Delta z\left[1-F(z+\Delta z)\right]^{n-j}$$

考虑到 $F(x)$ 的连续性，当 $\Delta y\to0$，$\Delta z\to0$ 时，有 $F(y+\Delta y)\to F(y)$，$F(z+\Delta z)\to F(z)$，于是

$$f_{ij}(y,z)=\lim_{\Delta y\to0,\Delta z\to0}\frac{P(x_{(i)}\in(y,y+\Delta y),x_{(j)}\in(z,z+\Delta z))}{\Delta y\Delta z}$$

$$=\frac{n!}{(i-1)!(j-i-1)!(n-j)!}\left[F(y)\right]^{i-1}\left[F(z)-F(y)\right]^{j-i-1}\left[1-F(z)\right]^{n-j}f(y)f(z)$$

此即次序统计量 $(x_{(i)},x_{(j)})$ 的联合分布。

当 $i=1$，$j=n$，且总体 X 为 $(0,1)$ 上的均匀分布时，$Y=X_{(1)}$，$Z=X_{(n)}$，$0<y<z<1$，$F(y)=y$，$F(z)=z$，$f(y)=1$，$f(z)=1$，上式化简为

$$f(y,z)=\frac{n!}{(i-1)!(j-i-1)!(n-j)!}\left[F(y)\right]^{i-1}\left[F(z)-F(y)\right]^{j-i-1}\left[1-F(z)\right]^{n-j}f(y)f(z)$$

$$=\frac{n!}{(1-1)!(n-1-1)!(n-n)!}y^{1-1}(z-y)^{n-1-1}(1-z)^{n-n}$$

$$=n(n-1)(z-y)^{n-2}$$

则所求期望

$$E(\max\{X_1,X_2,\cdots,X_n\}-\min\{X_1,X_2,\cdots X_n\})=E(X_{(n)}-X_{(1)})=E(Z-Y)$$

$$=\int_0^1\int_0^z(z-y)f(y,z)\mathrm{d}y\mathrm{d}z=\int_0^1\int_0^z(z-y)n(n-1)(z-y)^{n-2}\mathrm{d}y\mathrm{d}z$$

$$=n(n-1)\int_0^1\int_0^z(z-y)^{n-1}\mathrm{d}y\mathrm{d}z=n(n-1)\int_0^1\frac{1}{n}z^n\mathrm{d}z$$

$$=n(n-1)\frac{1}{n(n+1)}=\frac{n-1}{n+1}$$

即
$$E(\max\{X_1, X_2, \cdots, X_n\} - \min\{X_1, X_2, \cdots X_n\}) = \frac{n-1}{n+1}$$

方法四：由方法三，当 $i=1, j=n$，且总体 X 为 $(0,1)$ 上的均匀分布时，$Y=X_{(1)}$，$Z=X_{(n)}$，$0<y<z<1$，此时 Y，Z 的联合密度为

$$f(y,z) = n(n-1)(z-y)^{n-2}$$

令 $R=Z-Y$，则 $y=z-r<1-r$，则 $0<y<1-r$，$0<r<1$。由此 Y，Z 的联合密度函数可得

$$f(r,z) = n(n-1)r^{n-2}$$

R 的边缘密度：

$$f_R(r) = n(n-1)\int_0^{1-r} r^{n-2}\mathrm{d}y = n(n-1)r^{n-2}(1-r)$$

$$E(R) = n(n-1)\int_0^1 r^{n-1}(1-r)\mathrm{d}r = n(n-1)\frac{1}{n(n+1)} = \frac{n-1}{n+1}$$

✎ 11. 设某一个设备装有 3 个同类的电器元件，元件工作相互独立，且工作时间都服从参数为 λ 的指数分布。当 3 个元件都正常工作时，设备才正常工作。

(1) 试求设备正常工作时间 X 的期望。

(2) 如果条件改为至少有 1 个元件工作正常，系统就工作正常，则设备正常工作时间 X 的期望是多少？

解：(1) **方法一**：设 X_i 表示"第 i 个元件正常工作"，有 X_i 服从指数分布 $\mathrm{E}(\lambda)$，分布函数为

$$F_i(x) = \begin{cases} 1-\mathrm{e}^{-\lambda x} & x>0 \\ 0, & x\leq 0 \end{cases}, i=1,2,3$$

则设备正常工作时间 $X=\min\{X_1, X_2, X_3\}$。

X 分布函数为：$F(x)=P(X=\min\{X_1, X_2, X_3\}\leq x)=1-P(X_1>x)P(X_2>x)P(X_3>x)=1-[1-F_1(x)][1-F_2(x)][1-F_3(x)]$

当 $x\leq 0$ 时，$F(x)=0$。

当 $x>0$ 时，$F(x)=1-(\mathrm{e}^{-\lambda x})^3=1-\mathrm{e}^{-3\lambda x}$

故密度函数为

$$f(x)=F'(x)=\begin{cases} 3\lambda\mathrm{e}^{-3\lambda x}, & x>0 \\ 0, & x\leq 0 \end{cases}$$

故 $E(X)=\displaystyle\int_{-\infty}^{+\infty} xf(x)\mathrm{d}x = \int_0^{+\infty} 3\lambda x\mathrm{e}^{-3\lambda x}\mathrm{d}x = \int_0^{+\infty} -x\mathrm{d}(\mathrm{e}^{-3\lambda x}) = \dfrac{1}{3\lambda}$

方法二：若 $X_i\sim\mathrm{E}(\lambda)$ 且它们相互独立，则 $Y=\min\{X_1, \cdots, X_n\}$ 服从参数为 $n\lambda$ 的指数分布。故题中 $X\sim\mathrm{E}(3\lambda)$，其期望 $E(X)=\dfrac{1}{3\lambda}$。

方法三：由顺序统计量的密度函数推导。

设 $Y=\min\{X_1, X_2, \cdots, X_n\}$ 的分布函数为 $G(y)$，则 $G(y)=1-[1-F(y)]^n$，其概率密度函数为 $g(y)=n[1-F(y)]^{n-1}f(y)$，本题中 $n=3$，所以 $g(y)=3\lambda\mathrm{e}^{-3\lambda}$，$y\geq 0$，$E(Y)=\dfrac{1}{3\lambda}$。

（2）设 X_i 表示"第 i 个元件正常工作"，有 X_i 服从指数分布 $E(\lambda)$，则设备正常工作时间 $X=\max\{X_1,X_2,X_3\}$，分布函数为

$$F(x)=P(X=\max\{X_1,X_2,X_3\}\leqslant x)=P(X_1\leqslant x)P(X_2\leqslant x)P(X_3\leqslant x)=[F(x)]^3=\begin{cases}(1-\mathrm{e}^{-\lambda x})^3,&x>0\\0,&x\leqslant0\end{cases}$$

可得 $f(x)=F'(x)=3\lambda\mathrm{e}^{-\lambda x}(1-\mathrm{e}^{-\lambda x})^2,x>0$

则 $E(X)=\int_0^{+\infty}x3\lambda\mathrm{e}^{-\lambda x}(1-\mathrm{e}^{-\lambda x})^2\mathrm{d}x$。

令 $t=1-\mathrm{e}^{-\lambda x}$，有 $x=-\dfrac{1}{\lambda}\ln(1-t)$，$\mathrm{d}x=\dfrac{1}{\lambda(1-t)}\mathrm{d}t$，且当 $x=0$ 时，$t=0$；当 $x\to+\infty$ 时，$t\to1$。

故 $E(X)=\int_0^1\left[-\dfrac{1}{\lambda}\ln(1-t)\right]3\lambda(1-t)t^2\dfrac{1}{\lambda(1-t)}\mathrm{d}t$

$$=-\dfrac{1}{\lambda}\int_0^1 3\ t^2\ln(1-t)\mathrm{d}t$$

$$=\dfrac{1}{\lambda}\int_0^1\ln(1-t)\mathrm{d}(1-t^3)$$

$$=\dfrac{1}{\lambda}(1-t^3)\ln(1-t)\ \Big|\ {}_0^1-\dfrac{1}{\lambda}\int_0^1(1-t^3)\left(-\dfrac{1}{1-t}\right)\mathrm{d}t$$

$$=\dfrac{1}{\lambda}\int_0^1(1+t+t^2)\mathrm{d}t=\dfrac{1}{\lambda}\left(1+\dfrac{1}{2}+\dfrac{1}{3}\right)=\dfrac{11}{6\lambda}$$

> 🖊 12. 盒中有 n 个不同的球，其上分别写有数字 $1,2,\cdots,n$。每次随机抽出 1 个，记下其号码，放回去再抽，直到抽到有 2 个不同的数字为止。
>
> （1）求抽球次数 X 的数学期望。
>
> （2）若题设条件不变，而要求直到抽到有 $m(2\leqslant m\leqslant n)$ 个不同的数字为止，求抽球次数 X 的数学期望。
>
> （3）若题设条件不变，直到连续抽到有 $m(2\leqslant m\leqslant n)$ 个相同的数字为止，求抽球次数 X 的数学期望。

解：（1）**方法一**：由条件数学期望求解。

设 $Y=\begin{cases}1,&\text{第二次摸到的球与第一次异号}\\0,&\text{第二次摸到的球与第一次同号}\end{cases}$

则 $E(X\mid Y=1)=2,E(X\mid Y=0)=X+1$，由重期望公式得

$$E(X)=E(E(X\mid Y))=\left(1-\dfrac{1}{n}\right)\times2+\dfrac{1}{n}\times E(X+1)$$

解得：$E(X)=\dfrac{2n-1}{n-1}$。

方法二：由 X 的分布律求解。

随机变量 X 的可能取值是 2，3，4，…。由题知，X 的分布律为

$$P(X=k)=\left(\dfrac{1}{n}\right)^{k-2}\left(1-\dfrac{1}{n}\right),k=2,3,4,\cdots$$

则 $E(X) = \sum_{2}^{\infty} k \times P(X=k) = \sum_{2}^{\infty} k \times \left(\frac{1}{n}\right)^{k-2}\left(1-\frac{1}{n}\right) = \frac{n}{n-1} + 1 = \frac{2n-1}{n-1}$

方法三：设 $X_1 = X_2 = 1, X_i = \begin{cases} 0, & \text{前 } i-1 \text{ 个球中有 2 个异号} \\ 1, & \text{前 } i-1 \text{ 个球均同号} \end{cases}$ $(i \geq 3)$

则 $E(X_i) = \left(\frac{1}{n}\right)^{i-2}, i \geq 3$。故 $E(X) = 2 + \sum_{i=3}^{\infty} E(X_i) = 2 + \sum_{i=3}^{\infty}\left(\frac{1}{n}\right)^{i-2} = 2 + \frac{1}{n-1} = \frac{2n-1}{n-1}$

方法四：设 T 为首次抽到与第一个球数字相异的球的抽球次数，则易知 T 服从 $p = 1-\frac{1}{n}$

的几何分布，且 $X = T+1$，故 $E(X) = E(T)+1 = \frac{1}{p}+1 = \frac{2n-1}{n-1}$。

(2) 对于一般情况的 m，仍可采用条件数学期望求解，或求出 X 的分布律及利用第 $m-1$ 次抽到与第一个球数字相异的球的抽球次数 T 的概率分布求解。但此时采用第二种方法求解更为简便，且不失一般性。

设 T 为第 $m-1$ 次抽到与第一个球数字相异的球的抽球次数，则 T 为在伯努利试验中，每次抽到与已有第一个号码不同的抽球次数，T 的取值为 m，$m+1$，$m+2$，$\cdots$，故 T 服从参数为 $\left(m-1, 1-\frac{1}{n}\right)$ 的负二项分布。因此有：$E(X) = 1+E(T) = 1 + \dfrac{m-1}{\left(1-\dfrac{1}{n}\right)} = \dfrac{mn-1}{n-1}$。

(3) 对固定的 m，记此时的 X 为 $X_{(m)}$，则当 m 较大时，$X_{(m)}$ 的分布律较为复杂，且 $X_{(m)}-1$ 也无法找到合适的概率分布，此时比较合适的方法是根据条件数学期望求解，易求得 $E(X_{(2)}) = n+1$。当 $m=3$ 时，设

$$Y = \begin{cases} 1, & \text{第 1,2 次相异} \\ 2, & \text{第 1,2 次相同且第 2,3 次相异} \\ 3, & \text{第 1,2 次相同且第 2,3 次相同} \end{cases}$$

则 $E(X_{(3)} \mid Y=1) = X+1, E(X_{(3)} \mid Y=2) = X+2, E(X_{(3)} \mid Y=3) = 3$，由重期望公式得

$$E(X_{(3)}) = E(E(X_{(3)} \mid Y)) = \left(1-\frac{1}{n}\right)E(X_{(3)}+1) + \frac{1}{n}\left[\left(1-\frac{1}{n}\right)E(X_{(3)}+2) + \frac{1}{n}\times 3\right]$$

解得：$E(X_{(3)}) = n^2+n+1$。

归纳到一般情况，可得 $E(X_{(m)})$ 的递推公式：

$$E(X_{(m+1)}) = \frac{1}{n}E(X_{(m)}+1) + \left(1-\frac{1}{n}\right)E(X_{(m)}+X_{(m+1)})$$

解得：$E(X_{(m+1)}) = nE(X_{(m)})+1$。

故 $E(X_{(m)}) = \sum_{i=0}^{m-1} n^i = 1 + n + \cdots + n^{m-1}$。

13. 在长度为 2 的线段的中点的两边随机地各选取一点，(1) 求两点间的距离小于 $\dfrac{2}{3}$ 的概率；(2) 求 Y 和 X 之间的距离的期望．

解：(1) **方法一**：

设随机变量 X 为 $[0,1]$ 内随机选取的一点，设随机变量 Y 为 $[1,2]$ 内随机选取的一点，Y

的取值大于 X 的取值，则该题为求概率 $P\left(\,|\,Y{-}X\,|{<}\dfrac{2}{3}\right)=P\left(Y{-}X{<}\dfrac{2}{3}\right)$。

易知，$X{\sim}\mathrm{U}(0,1)$，$Y{\sim}\mathrm{U}(1,2)$，且 X 与 Y 相互独立，则它们的联合密度函数为

$$f(x,y)=\begin{cases}1,&0{<}x{<}1,1{<}y{<}2\\0,&\text{其他}\end{cases}$$

而 $f(x,y)$ 与非零区域 $\left\{y{-}x{<}\dfrac{2}{3}\right\}$ 的交集如图阴影部分所示。

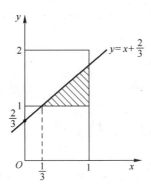

因此，所求概率为

$$P(Y-X<2/3)=\int_{\frac{1}{3}}^{1}\int_{1}^{\frac{2}{3}+x}1\mathrm{d}y\mathrm{d}x=2/9$$

所以在长度为 2 的线段的中点的两边随机地各选取一点，两点间的距离小于 $\dfrac{2}{3}$ 的概率为 2/9，约等于 0.22 222 222。

方法二：用雅可比行列式的方法求 $Z{=}Y{-}X$，再求概率 $P\left(Z{<}\dfrac{2}{3}\right)$。

令 $\begin{cases}Z{=}Y{-}X\\U{=}X\end{cases}$，则有 $\begin{cases}Y{=}U{+}Z\\X{=}U\end{cases}$，反函数为 $\begin{cases}y{=}u{+}z\\x{=}u\end{cases}$

雅可比行列式 $J=\begin{vmatrix}1&1\\1&0\end{vmatrix}=1$。

画图得：

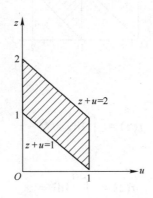

则 $f(z,u) = \begin{cases} 1, & (z,u) \in T \\ 0, & \text{其他} \end{cases}$

当 $z \leqslant 0$ 或 $z \geqslant 2$ 时，$f(z) = 0$。

当 $1 \leqslant z < 2$ 时，

$$f(z) = \int_{-\infty}^{+\infty} f(z,u)\,\mathrm{d}u = \int_0^{2-z} 1\mathrm{d}u = 2 - z$$

当 $0 < z < 1$ 时，

$$f(z) = \int_{-\infty}^{+\infty} f(z,u)\,\mathrm{d}u = \int_{1-z}^1 1\mathrm{d}u = z$$

则 Z 的密度函数为 $f(z) = \begin{cases} 2-z, & 1 \leqslant z < 2 \\ z, & 0 < z < 1 \\ 0, & \text{其他} \end{cases}$

所以

$$P\left(Z < \frac{2}{3}\right) = \int_0^{\frac{2}{3}} z\mathrm{d}z = \frac{2}{9}$$

方法三：用卷积公式求 $Z = Y - X$ 的密度函数，再求概率 $P\left(Z < \frac{2}{3}\right)$。

$$F(Z) = P(Z \leqslant z) = P(Y - X \leqslant z) = \iint\limits_{y-x \leqslant z} f(x,y)\,\mathrm{d}x\mathrm{d}y = \int_{-\infty}^{+\infty}\int_{y-z}^{+\infty} f(x,y)\,\mathrm{d}x\mathrm{d}y$$

则

$$f(z) = F'(z) = \int_{-\infty}^{+\infty}\left[\int_{y-z}^{+\infty} f(x,y)\,\mathrm{d}x\right]'\mathrm{d}y = \int_{-\infty}^{+\infty} f(z-y,y)\,\mathrm{d}y$$

$$f(z-y,y) = \begin{cases} 1, & 0 < y-z < 1, 1 < y < 2 \\ 0, & \text{其他} \end{cases}$$

画图得：

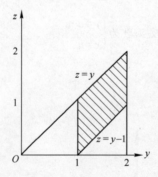

当 $z \leqslant 0$ 或 $z \geqslant 2$ 时，$f(z) = 0$。

当 $1 \leqslant z < 2$ 时，

$$f(z) = \int_z^2 1\mathrm{d}y = 2 - z$$

当 $0 < z < 1$ 时，

$$f(z) = \int_1^{z+1} 1\mathrm{d}y = z$$

则 Z 的密度函数为 $f(z)=\begin{cases}2-z, & 1\leqslant z<2\\ z, & 0<z<1\\ 0, & 其他\end{cases}$

所以

$$P\left\{Z<\frac{2}{3}\right\}=\int_0^{\frac{2}{3}}z\mathrm{d}z=\frac{2}{9}$$

(2) **方法一**：由密度函数求得

$$E(Z)=\int_{-\infty}^{+\infty}zf(z)\mathrm{d}z$$

$$E(Z)=\int_{-\infty}^{+\infty}zf(z)\mathrm{d}z=\int_0^1 z^2\mathrm{d}z+\int_1^2 z(2-z)\mathrm{d}z=1$$

方法二：由于 X 为 $[0,1]$ 上的均匀分布，Y 为 $[1,2]$ 上的均匀分布，易得 $E(X)=\frac{1}{2}$，$E(Y)=\frac{3}{2}$

则

$$E(Z)=E(Y-X)=E(Y)-E(X)=\frac{3}{2}-\frac{1}{2}=1$$

方法三：$E(Z)=E(Y-X)=\iint(y-x)f(x,y)\mathrm{d}x\mathrm{d}y=\int_0^1\int_1^2(y-x)\mathrm{d}y\mathrm{d}x=\int_0^1\left(\frac{3}{2}-x\right)\mathrm{d}x=1$

14. 设 X，$Y\sim N(0,1)$，且相互独立，求 $E|X-Y|$，$D|X-Y|$。

解：**方法一**：先推导出 (X,Y) 的联合密度函数，再直接积分求解。

由于 X 和 Y 是独立且同分布的，有

$$f(x,y)=f_X(x)f_Y(y)=\frac{1}{2\pi}\mathrm{e}^{-\frac{x^2+y^2}{2}},\ -\infty<x,y<+\infty$$

所以有

$$E|X-Y|=\int_{-\infty}^{+\infty}\int_{-\infty}^{+\infty}|x-y|f(x,y)\mathrm{d}x\mathrm{d}y=2\int_{-\infty}^{+\infty}\int_{-\infty}^{+\infty}(x-y)\frac{1}{2\pi}\mathrm{e}^{-\frac{x^2+y^2}{2}}\mathrm{d}x\mathrm{d}y=\frac{2}{\sqrt{\pi}}$$

$$E|X-Y|^2=\int_{-\infty}^{+\infty}\int_{-\infty}^{+\infty}|x-y|^2 f(x,y)\mathrm{d}x\mathrm{d}y=\int_{-\infty}^{+\infty}\int_{-\infty}^{+\infty}(x-y)^2\frac{1}{2\pi}\mathrm{e}^{-\frac{x^2+y^2}{2}}\mathrm{d}x\mathrm{d}y=2$$

所以有：$D|X-Y|=E|X-Y|^2-(E|X-Y|)^2=2-\frac{4}{\pi}$。

方法二：令 $Z=X-Y$，求出 Z 的概率密度函数，从而求出 $E(|Z|)$，$D(|Z|)$。

令 $Z=X-Y$，则 Z 的概率密度函数为

$$f_Z(z)=\int_{-\infty}^{+\infty}f(z+y,y)\mathrm{d}y=\frac{1}{2\pi}\int_{-\infty}^{+\infty}\mathrm{e}^{-\frac{(y+z)^2+y^2}{2}}\mathrm{d}y=\frac{1}{2\sqrt{\pi}}\mathrm{e}^{-\frac{z^2}{4}},\ -\infty<z<+\infty$$

$$E(|Z|)=E|X-Y|=\int_{-\infty}^{+\infty}|z|f_Z(z)\mathrm{d}z=\frac{1}{\sqrt{\pi}}\int_0^{+\infty}z\mathrm{e}^{-\frac{z^2}{4}}\mathrm{d}z=\frac{2}{\sqrt{\pi}}$$

$$E(|Z|^2)=E|X-Y|^2=EZ^2=\int_{-\infty}^{+\infty}z^2 f_Z(z)\mathrm{d}z=\frac{1}{2\sqrt{\pi}}\int_0^{+\infty}z^2\mathrm{e}^{-\frac{z^2}{4}}\mathrm{d}z=2$$

所以有 $D|X-Y| = E|X-Y|^2 - (E|X-Y|)^2 = 2 - \dfrac{4}{\pi}$

方法三：令 $T=|Z|$，$Z=X-Y$，通过 T 的概率密度函数求得 $E(T)$，$D(T)$

由方法二可知 Z 的概率密度函数为

$$f_Z(z) = \frac{1}{2\sqrt{\pi}} e^{-\frac{z^2}{4}}, \quad -\infty < z < +\infty$$

下面求 $T=|Z|$ 的概率密度函数。

$$F_T(t) = P(T \leqslant t) = P(|Z| \leqslant t) = P(-t \leqslant Z \leqslant t) = \int_{-t}^{t} f_Z(z)\,\mathrm{d}z = \frac{1}{\sqrt{\pi}} \int_0^t e^{-\frac{z^2}{4}}\,\mathrm{d}z$$

故 T 的密度函数为

$$f_T(t) = \begin{cases} \dfrac{1}{\sqrt{\pi}} e^{-\frac{t^2}{4}}, & t > 0 \\[2mm] 0, & t \leqslant 0 \end{cases}$$

$$E|X-Y| = E(T) = \int_{-\infty}^{+\infty} t f_T(t)\,\mathrm{d}t = \frac{2}{\sqrt{\pi}}$$

$$E|X-Y|^2 = E(T^2) = \int_{-\infty}^{+\infty} t^2 f_T(t)\,\mathrm{d}t = 2$$

所以

$$D|X-Y| = E|X-Y|^2 - (E|X-Y|)^2 = 2 - \frac{4}{\pi}$$

方法四：**引理一**：若 $X \sim N(0,\sigma^2)$，则有 $E|X| = \sqrt{\dfrac{2}{\pi}}\,\sigma$。

证明：如果 $X \sim N(0,\sigma^2)$，那么 X 的概率密度函数为

$$f_X(x) = \frac{1}{\sqrt{2\pi}\,\sigma} e^{-\frac{x^2}{2\sigma^2}}, \quad -\infty < x < +\infty$$

所以

$$E|X| = \int_{-\infty}^{+\infty} |x| f_X(x)\,\mathrm{d}x = \frac{2}{\sqrt{2\pi}\,\sigma} \int_0^{+\infty} x e^{-\frac{x^2}{2\sigma^2}}\,\mathrm{d}x = \sqrt{\frac{2}{\pi}}\,\sigma$$

引理二：若 $X \sim N(0,\sigma^2)$，则：当 n 为奇数时，$E(X^n) = 0$；当 n 为偶数时，$E(X^n) = \sigma^2(n-1)!!$。

证明：由于 $X \sim N(0,\sigma^2)$，有

$$E(X^n) = \frac{1}{\sqrt{2\pi}\,\sigma} \int_{-\infty}^{+\infty} x^n e^{-\frac{x^2}{2\sigma^2}}\,\mathrm{d}x$$

当 n 为奇数时，被积函数为奇函数，故 $E(X^n) = 0$。

当 n 为偶数时，有

$$E(X^n) = \frac{1}{\sqrt{2\pi}\,\sigma} \int_0^{+\infty} x^n e^{-\frac{x^2}{2\sigma^2}}\,\mathrm{d}x = \frac{1}{\sqrt{\pi}} 2^{\frac{n}{2}} \sigma^n \Gamma\left(\frac{n+1}{2}\right)$$

$$= \frac{1}{\sqrt{\pi}} \times 2^{\frac{n}{2}} \times \sigma^n \times \frac{n-1}{2} \times \frac{n-3}{2} \times \cdots \times \frac{1}{2} \times \Gamma\left(\frac{1}{2}\right)$$

$$= \sigma^n \cdot (n-1)!!$$

由 $X, Y \sim N(0,1)$，有 $X-Y \sim N(0,2)$，其中 $\sigma = \sqrt{2}$。

由引理一，$E|X-Y| = \sqrt{\dfrac{2}{\pi}} \cdot \sqrt{2} = \dfrac{2}{\sqrt{\pi}}$。

由引理二，$E|X-Y|^2 = \sigma^2 \times (2-1)!! = 2$。

所以有 $D|X-Y| = 2 - \left(\dfrac{2}{\sqrt{\pi}}\right)^2 = 2 - \dfrac{4}{\pi}$。

我们可以把方法四的结论推广到更一般的形式，如下：

如果 $X \sim N(\mu, \sigma_1^2)$，$Y \sim N(\mu, \sigma_2^2)$，且 X 和 Y 独立，则有 $X-Y \sim N(0, \sigma_1^2 + \sigma_2^2)$，$E|X-Y| = \sqrt{\dfrac{2}{\pi}} \cdot \sqrt{\sigma_1^2 + \sigma_2^2}$，$E|X-Y|^2 = \sigma_1^2 + \sigma_2^2$，$D|X-Y| = 1 - \dfrac{2}{\pi}(\sigma_1^2 + \sigma_2^2)$。

15. 设 X_1，X_2 独立同分布，且都服从 $N(0,1)$。令 $Z = \max\{X_1, X_2\}$，求 $E(Z)$。

解：方法一：

先求 Z 的分布函数。

$$F_Z(z) = P(Z \leqslant z) = P(\max\{X_1, X_2\} \leqslant z) = P(X_1 \leqslant z, X_2 \leqslant z)$$

由于 X_1，X_2 独立同分布，有

$$F_Z(z) = P(X_1 \leqslant z) P(X_2 \leqslant z) = (\Phi(z))^2$$

则 Z 的密度函数为

$$f_Z(z) = \frac{\mathrm{d}}{\mathrm{d}z} F_Z(z) = \frac{\mathrm{d}}{\mathrm{d}z} (\Phi(z))^2 = 2\Phi(z) \cdot \Phi'(z)$$

所以 Z 的期望为

$$E(Z) = \int_{-\infty}^{+\infty} z f_Z(z) \,\mathrm{d}z = \int_{-\infty}^{+\infty} 2z \Phi(z) \cdot \Phi'(z) \,\mathrm{d}z = \int_{-\infty}^{+\infty} 2z \Phi(z) \frac{1}{\sqrt{2\pi}} \mathrm{e}^{-\frac{z^2}{2}} \,\mathrm{d}z = \frac{2}{\sqrt{2\pi}} \int_{-\infty}^{+\infty} -\Phi(z) \,\mathrm{d}\mathrm{e}^{-\frac{z^2}{2}}$$

$$= \frac{2}{\sqrt{2\pi}} \left(\left[-\Phi(z) \mathrm{e}^{-\frac{z^2}{2}} \right] \Big|_{-\infty}^{+\infty} + \int_{-\infty}^{+\infty} \mathrm{e}^{-\frac{z^2}{2}} \,\mathrm{d}\Phi(z) \right) = \frac{2}{\sqrt{2\pi}} \left(0 + \int_{-\infty}^{+\infty} \mathrm{e}^{-\frac{z^2}{2}} \frac{1}{\sqrt{2\pi}} \mathrm{e}^{-\frac{z^2}{2}} \,\mathrm{d}z \right)$$

$$= \frac{1}{\pi} \int_{-\infty}^{+\infty} \mathrm{e}^{-z^2} \,\mathrm{d}z = \frac{1}{\pi} \left[\sqrt{\pi} \left(\int_{-\infty}^{+\infty} \frac{1}{\sqrt{2\pi \cdot \frac{1}{2}}} \mathrm{e}^{-\frac{z^2}{2 \cdot \frac{1}{2}}} \,\mathrm{d}z \right) \right] = \frac{1}{\pi} \cdot (\sqrt{\pi} \cdot 1) = \frac{1}{\sqrt{\pi}}$$

方法二： 由 X_1，X_2 独立同分布，可得到 X_1，X_2 的联合密度函数为

$$f(x_1, x_2) = f(x_1)f(x_2) = \frac{1}{2\pi} \mathrm{e}^{-\frac{x_1^2 + x_2^2}{2}}, \quad -\infty < x_1, x_2 < +\infty$$

则 Z 的期望为

$$E(Z) = \int_{-\infty}^{+\infty} \int_{-\infty}^{+\infty} \max\{X_1, X_2\} \frac{1}{2\pi} \mathrm{e}^{-\frac{x_1^2 + x_2^2}{2}} \,\mathrm{d}x_1 \mathrm{d}x_2 = \iint_{X_1 > X_2} x_1 \frac{1}{2\pi} \mathrm{e}^{-\frac{x_1^2 + x_2^2}{2}} \,\mathrm{d}x_1 \mathrm{d}x_2 + \iint_{X_1 \leqslant X_2} x_2 \frac{1}{2\pi} \mathrm{e}^{-\frac{x_1^2 + x_2^2}{2}} \,\mathrm{d}x_1 \mathrm{d}x_2$$

$$= 2 \iint_{X_1 > X_2} x_1 \frac{1}{2\pi} \mathrm{e}^{-\frac{x_1^2 + x_2^2}{2}} \,\mathrm{d}x_1 \mathrm{d}x_2 = \frac{1}{\pi} \int_{-\infty}^{+\infty} \mathrm{d}x_2 \int_{x_2}^{+\infty} x_1 \mathrm{e}^{-\frac{x_1^2 + x_2^2}{2}} \,\mathrm{d}x_1 = \frac{1}{\pi} \int_{-\infty}^{+\infty} \mathrm{d}x_2 \left(-\mathrm{e}^{-\frac{x_1^2 + x_2^2}{2}} \right) \Big|_{x_2}^{+\infty}$$

$$= \frac{1}{\pi} \int_{-\infty}^{+\infty} e^{-x_2^2} dx_2 = \frac{1}{\sqrt{\pi}}$$

方法三：由于 X_1，X_2 独立同分布，且都服从 $N(0,1)$，由正态分布的可加性，有

$$Y = X_1 - X_2 \sim N(0,2)$$

则 Y 的密度函数为

$$f_Y(y) = \frac{1}{2\sqrt{\pi}} e^{-\frac{y^2}{4}}, -\infty < y < +\infty$$

Z 可以写成如下形式

$$Z = \max\{X_1, X_2\} = \frac{1}{2}(X_1 + X_2 + |X_1 - X_2|)$$

所以 Z 的期望为

$$E(Z) = E\left(\frac{X_1 + X_2 + |X_1 - X_2|}{2}\right) = E\left(\frac{|X_1 - X_2|}{2}\right) = \frac{1}{2}E(|X_1 - X_2|) = \frac{1}{2}E(|Y|)$$

$$= \frac{1}{2}\int_{-\infty}^{+\infty} |y| \frac{1}{2\sqrt{\pi}} e^{-\frac{y^2}{4}} dy = \frac{1}{\sqrt{\pi}}\int_{0}^{+\infty} \frac{1}{2} y e^{-\frac{y^2}{4}} dy = \frac{1}{\sqrt{\pi}}\int_{0}^{+\infty} d(-e^{-\frac{y^2}{4}}) = \frac{1}{\sqrt{\pi}}(-e^{-\frac{y^2}{4}})\Big|_{0}^{+\infty} = \frac{1}{\sqrt{\pi}}$$

16. 设 X_1，X_2 独立同分布，且都服从 $N(\mu, \sigma^2)$。令 $Z = \max\{X_1, X_2\}$，求 $E(Z)$。

解：方法一：由于 X_1，X_2 独立同分布，且都服从 $N(\mu, \sigma^2)$，则有 $\frac{X_1-\mu}{\sigma}$，$\frac{X_2-\mu}{\sigma}$ 独立同分布，且都服从 $N(0,1)$。根据上面第15题的结果，有

$$E\left[\max\left\{\frac{X_1-\mu}{\sigma}, \frac{X_2-\mu}{\sigma}\right\}\right] = \frac{1}{\sqrt{\pi}}$$

于是

$$E[\max\{X_1, X_2\}] = \mu + \sigma E\left[\max\left\{\frac{X_1-\mu}{\sigma}, \frac{X_2-\mu}{\sigma}\right\}\right] = \mu + \frac{\sigma}{\sqrt{\pi}}$$

方法二：由于 X_1，X_2 独立同分布，则 X_1，X_2 的联合概率密度函数为

$$f(x_1, x_2) = f(x_1)f(x_2) = \frac{1}{2\pi\sigma^2} e^{-\frac{(x_1-\mu)^2+(x_2-\mu)^2}{2\sigma^2}}, -\infty < x_1, x_2 < +\infty$$

因此可求得 Z 的期望为

$$E(Z) = \int_{-\infty}^{+\infty}\int_{-\infty}^{+\infty} \max\{x_1, x_2\} \frac{1}{2\pi\sigma^2} e^{-\frac{(x_1-\mu)^2+(x_2-\mu)^2}{2\sigma^2}} dx_1 dx_2$$

$$= \mu + \int_{-\infty}^{+\infty}\int_{-\infty}^{+\infty} \max\{x_1-\mu, x_2-\mu\} \frac{1}{2\pi\sigma^2} e^{-\frac{(x_1-\mu)^2+(x_2-\mu)^2}{2\sigma^2}} dx_1 dx_2$$

$$= \mu + \iint_{X_1>X_2}(x_1-\mu)\frac{1}{2\pi\sigma^2}e^{-\frac{(x_1-\mu)^2+(x_2-\mu)^2}{2\sigma^2}}dx_1dx_2 + \iint_{X_1\le X_2}(x_2-\mu)\frac{1}{2\pi\sigma^2}e^{-\frac{(x_1-\mu)^2+(x_2-\mu)^2}{2\sigma^2}}dx_1dx_2$$

$$= \mu + 2\iint_{X_1>X_2}(x_1-\mu)\frac{1}{2\pi\sigma^2}e^{-\frac{(x_1-\mu)^2+(x_2-\mu)^2}{2\sigma^2}}dx_1dx_2$$

$$= \mu + \frac{1}{\pi\sigma^2}\int_{-\infty}^{+\infty}dx_2\int_{x_2}^{+\infty}(x_1-\mu)e^{-\frac{(x_1-\mu)^2+(x_2-\mu)^2}{2\sigma^2}}dx_1$$

$$= \mu + \frac{1}{\pi \sigma^2} \int_{-\infty}^{+\infty} \mathrm{d}x_2 \left(-\sigma^2 \mathrm{e}^{-\frac{(x_1-\mu)^2+(x_2-\mu)^2}{2\sigma^2}} \right) \Big|_{x_2}^{+\infty} = \mu + \frac{1}{\pi} \int_{-\infty}^{+\infty} \mathrm{e}^{-\frac{(x_2-\mu)^2}{\sigma^2}} \mathrm{d}x_2$$

$$= \mu + \frac{1}{\pi} \int_{-\infty}^{+\infty} \sqrt{\pi}\,\sigma \left(\frac{1}{\sqrt{2\pi \frac{\sigma^2}{2}}} \mathrm{e}^{-\frac{(x_2-\mu)^2}{2 \cdot \frac{\sigma^2}{2}}} \right) \mathrm{d}x_2 = \mu + \frac{\sigma}{\sqrt{\pi}}$$

方法三：由于 X_1，X_2 独立同分布，则 X_1，X_2 的概率密度函数和分布函数分别为

$$f(x) = \frac{1}{\sqrt{2\pi\sigma^2}} \mathrm{e}^{-\frac{(x-\mu)^2}{2\sigma^2}} \quad (-\infty < x < +\infty), \quad F(x) = \int_{-\infty}^{x} f(u)\,\mathrm{d}u$$

所以 Z 的分布函数为

$$F_Z(z) = P(Z \le z) = P(\max\{X_1, X_2\} \le z) = P(X_1 \le z, X_2 \le z) = P(X_1 \le z)P(X_2 \le z) = (F(z))^2$$

概率密度函数为

$$f_Z(z) = \frac{\mathrm{d}}{\mathrm{d}z} F_Z(z) = \frac{\mathrm{d}}{\mathrm{d}z} (F(z))^2 = 2F(z) \cdot f(z)$$

继而可求得 Z 的期望为

$$E(Z) = \mu + E(Z-\mu) = \mu + \int_{-\infty}^{+\infty} (z-\mu) f_Z(z)\,\mathrm{d}z = \mu + \int_{-\infty}^{+\infty} 2(z-\mu) F(z) f(z)\,\mathrm{d}z$$

$$= \mu + \int_{-\infty}^{+\infty} (z-\mu) 2F(z) \cdot \frac{1}{\sqrt{2\pi\sigma^2}} \mathrm{e}^{-\frac{(z-\mu)^2}{2\sigma^2}}\,\mathrm{d}z = \mu + \frac{2}{\sqrt{2\pi}} \int_{-\infty}^{+\infty} F(z)(-\sigma)\,\mathrm{d}\mathrm{e}^{-\frac{(z-\mu)^2}{2\sigma^2}}$$

$$= \mu - \frac{2}{\sqrt{2\pi}} F(z)(\sigma) \mathrm{e}^{-\frac{(z-\mu)^2}{2\sigma^2}} \Big|_{-\infty}^{+\infty} + \frac{2\sigma}{\sqrt{2\pi}} \int_{-\infty}^{+\infty} \mathrm{e}^{-\frac{(z-\mu)^2}{2\sigma^2}} f(z)\,\mathrm{d}z$$

$$= \mu - 0 + \frac{2\sigma}{\sqrt{2\pi}} \int_{-\infty}^{+\infty} \mathrm{e}^{-\frac{(z-\mu)^2}{2\sigma^2}} \frac{1}{\sqrt{2\pi\sigma^2}} \mathrm{e}^{-\frac{(z-\mu)^2}{2\sigma^2}}\,\mathrm{d}z$$

$$= \mu + \frac{1}{\pi} \int_{-\infty}^{+\infty} \mathrm{e}^{-\frac{(z-\mu)^2}{\sigma^2}}\,\mathrm{d}z = \mu + \frac{\sigma}{\sqrt{\pi}}$$

> 17. 设随机变量 (X, Y) 的联合密度函数为
>
> $$f(x, y) = \begin{cases} x(1+3y^2)/4, & 0<x<2, 0<y<1 \\ 0, & \text{其他} \end{cases}$$
>
> 试求 $E\left(\dfrac{Y}{X}\right)$。

解：方法一：利用联合密度函数求解

利用已知的联合密度函数，则有

$$E\left(\frac{Y}{X}\right) = \int_0^2 \int_0^1 \frac{y}{x} \cdot \frac{x(1+3y^2)}{4}\,\mathrm{d}x\mathrm{d}y = \int_0^2 \mathrm{d}x \int_0^1 \frac{1}{4}(y+3y^3)\,\mathrm{d}y$$

$$= \int_0^2 \mathrm{d}x \cdot \frac{1}{4}\left(\frac{1}{2}y^2 + \frac{3}{4}y^4\right)\Big|_0^1 = \int_0^2 \frac{5}{16}\mathrm{d}x = \frac{5}{8}$$

方法二：利用雅可比变换法。

令 $U = \dfrac{Y}{X}, V = X$。

第一步：利用雅可比变换求出(U,V)的联合密度函数

因 $\begin{cases} u=\dfrac{y}{x} \\ v=x \end{cases}$，有反函数 $\begin{cases} x=v \\ y=uv \end{cases}$，且 $|J|=\begin{vmatrix} x'_u & y'_u \\ x'_v & y'_v \end{vmatrix}=\begin{vmatrix} 0 & v \\ 1 & u \end{vmatrix}=-v$

当 $0<x<2$，$0<y<1$ 时，有 $0<v<2$，$0<uv<1$。

所以(U,V)的联合密度函数为

$$f_{UV}(u,v)=f_{XY}(v,uv)\ |-v|=\begin{cases} \dfrac{v^2(1+3u^2v^2)}{4}, & 0<uv<1,0<v<2 \\ 0, & \text{其他} \end{cases}$$

第二步：根据(U,V)的联合密度函数求出U的边缘密度。

$0<uv<1$，$0<v<2$，根据此支撑集作图有：

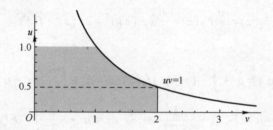

① 当 $u\leqslant0$，时，$f_U(u)=0$。

② 当 $0<u\leqslant\dfrac{1}{2}$时，

$$f_U(u)=\int_0^2\dfrac{v^2(1+3u^2v^2)}{4}\mathrm{d}v=\left(\dfrac{v^3}{12}+\dfrac{3u^2v^5}{20}\right)\Big|_0^2=\dfrac{2}{3}+\dfrac{24}{5}u^2$$

③ 当 $u>\dfrac{1}{2}$时，

$$f_U(u)=\int_0^{1/u}\dfrac{v^2(1+3u^2v^2)}{4}\mathrm{d}v$$

$$=\left(\dfrac{v^3}{12}+\dfrac{3u^2v^5}{20}\right)\Big|_0^{1/u}=\dfrac{1}{12u^3}+\dfrac{3}{20u^3}=\dfrac{7}{30u^3}$$

所以 $U=\dfrac{Y}{X}$ 的密度函数为

$$f_U(u)=\begin{cases} \dfrac{2}{3}+\dfrac{24}{5}u^2, & 0<u\leqslant\dfrac{1}{2} \\ 0, & u\leqslant0 \\ \dfrac{7}{30u^3}, & u>\dfrac{1}{2} \end{cases}$$

第三步：利用U的边缘密度求期望。

$$E\left(\frac{Y}{X}\right) = E(U) = \int_{-\infty}^{+\infty} u f_U(u)\,\mathrm{d}u$$

$$= \int_0^{1/2} u\left(\frac{2}{3} + \frac{24}{5}u^2\right)\mathrm{d}u + \int_{1/2}^{+\infty} u\,\frac{7}{30u^3}\mathrm{d}u$$

$$= \left(\frac{1}{3}u^2 + \frac{6}{5}u^4\right)\Big|_0^{1/2} - \frac{7}{30u}\Big|_{1/2}^{+\infty} = \frac{1}{12} + \frac{6}{5}\cdot\frac{1}{16} + \frac{7}{30}\cdot 2 = \frac{5}{8}$$

方法三：分布函数法。

第一步：计算 $U = \dfrac{Y}{X}$ 的分布函数

$$F_U(u) = P(U \leqslant u) = P\left(\frac{Y}{X} \leqslant u\right) = \iint_{\frac{y}{x} \leqslant u} f_{XY}(x,y)\,\mathrm{d}x\mathrm{d}y$$

① 当 $u \leqslant 0$ 时，$F_U(u) = P(\varnothing) = 0$。

② 当 $0 < u \leqslant \dfrac{1}{2}$ 时，

$$F_U(u) = \iint_{\frac{y}{x} \leqslant u} f_{XY}(x,y)\,\mathrm{d}x\mathrm{d}y = \int_0^2\left(\int_0^{ux} \frac{x(1+3y^2)}{4}\mathrm{d}y\right)\mathrm{d}x$$

$$= \int_0^2 \frac{x}{4}\left(\int_0^{ux}(1+3y^2)\,\mathrm{d}y\right)\mathrm{d}x = \int_0^2 \frac{x}{4}\left((y+y^3)\Big|_0^{ux}\right)\mathrm{d}x$$

$$= \int_0^2\left(\frac{x}{4}\cdot ux + \frac{x}{4}\cdot u^3x^3\right)\mathrm{d}x = \left(\frac{u}{12}x^3 + \frac{u^3}{20}x^5\right)\Big|_0^2$$

$$= \frac{2}{3}u + \frac{8}{5}u^3$$

③ 当 $u > \dfrac{1}{2}$ 时，

$$F_U(u) = \iint_{\frac{y}{x} \leqslant u} f_{XY}(x,y)\,\mathrm{d}x\mathrm{d}y = 2 - \int_0^1\left(\int_0^{\frac{y}{u}} \frac{x(1+3y^2)}{4}\mathrm{d}x\right)\mathrm{d}y$$

$$= 2 - \int_0^1(1+3y^2)\left(\int_0^{\frac{y}{u}} \frac{x}{4}\mathrm{d}x\right)\mathrm{d}y = 2 - \int_0^1(1+3y^2)\left(\frac{x^2}{8}\Big|_0^{y/u}\right)\mathrm{d}y$$

$$= 2 - \int_0^1\left(\frac{y^2}{8u^2} + \frac{3y^4}{8u^2}\right)\mathrm{d}y = 2 - \left(\frac{y^3}{24u^2} + \frac{3y^5}{40u^2}\right)\Big|_0^1$$

$$= 2 - \frac{7}{60u^2}$$

所以 U 的分布函数为

$$F_U(u) = \begin{cases} 0, & u \leqslant 0 \\ \dfrac{2}{3}u + \dfrac{8}{5}u^3, & 0 < u \leqslant \dfrac{1}{2} \\ 2 - \dfrac{7}{60u^2}, & u > \dfrac{1}{2} \end{cases}$$

密度函数为

$$f_U(u) = F'_U(u) = \begin{cases} 0, & u \leqslant 0 \\ \dfrac{2}{3} + \dfrac{24}{5}u^2, & 0 < u \leqslant \dfrac{1}{2} \\ \dfrac{7}{30u^3}, & u > \dfrac{1}{2} \end{cases}$$

第二步：利用密度函数求期望。

$$E\left(\frac{Y}{X}\right) = E(U) = \int_{-\infty}^{+\infty} u f_U(u) \, \mathrm{d}u$$

$$= \int_0^{1/2} u\left(\frac{2}{3} + \frac{24}{5}u^2\right) \mathrm{d}u + \int_{1/2}^{+\infty} u \frac{7}{30u^3} \mathrm{d}u$$

$$= \left(\frac{1}{3}u^2 + \frac{6}{5}u^4\right)\Big|_0^{1/2} - \frac{7}{30u}\Big|_{1/2}^{+\infty} = \frac{1}{12} + \frac{6}{5} \times \frac{1}{16} + \frac{7}{30} \times 2 = \frac{5}{8}$$

方法四：商的公式法。

令 $U = \dfrac{Y}{X}$，利用商的公式

$$f_U(u) = \int_{-\infty}^{\infty} f_{XY}(x, ux) \mid x \mid \mathrm{d}x$$

其中

$$f_{XY}(x, ux) = \begin{cases} \dfrac{x(1 + 3u^2 x^2)}{4}, & 0 < x < 2, 0 < ux < 1 \\ 0, & 其他 \end{cases}$$

根据其支撑集作图如下：

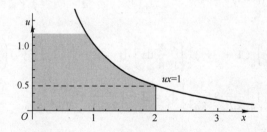

① 当 $u \leqslant 0$ 时，$f_U(u) = 0$。

② 当 $0 < u \leqslant \dfrac{1}{2}$ 时，

$$f_U(u)=\int_0^2 \frac{x(1+3u^2x^2)}{4}x\mathrm{d}x=\int_0^2 \frac{x^2(1+3u^2x^2)}{4}\mathrm{d}x$$

$$=\left(\frac{x^3}{12}+\frac{3u^2x^5}{20}\right)\Big|_0^2=\frac{2}{3}+\frac{24}{5}u^2$$

③ 当 $u>\dfrac{1}{2}$ 时，

$$f_U(u)=\int_0^{1/u} \frac{x(1+3u^2x^2)}{4}x\mathrm{d}x=\int_0^{1/u} \frac{x^2(1+3u^2x^2)}{4}\mathrm{d}x$$

$$=\left(\frac{x^3}{12}+\frac{3u^2x^5}{20}\right)\Big|_0^{1/u}=\frac{1}{12u^3}+\frac{3}{20u^3}=\frac{7}{30u^3}$$

所以有 $U=\dfrac{Y}{X}$ 的密度函数为

$$f_U(u)=\begin{cases}\dfrac{2}{3}+\dfrac{24}{5}u^2, & 0<u\leqslant\dfrac{1}{2}\\[2mm] 0, & u\leqslant 0\\[2mm] \dfrac{7}{30u^3}, & u>\dfrac{1}{2}\end{cases}$$

所以 $U=\dfrac{Y}{X}$ 的期望为

$$E\left(\frac{Y}{X}\right)=E(U)=\int_{-\infty}^{+\infty}uf_U(u)\mathrm{d}u$$

$$=\int_0^{1/2}u\left(\frac{2}{3}+\frac{24}{5}u^2\right)\mathrm{d}u+\int_{1/2}^{+\infty}u\frac{7}{30u^3}\mathrm{d}u$$

$$=\left(\frac{1}{3}u^2+\frac{6}{5}u^4\right)\Big|_0^{1/2}-\frac{7}{30u}\Big|_{1/2}^{+\infty}=\frac{1}{12}+\frac{6}{5}\times\frac{1}{16}+\frac{7}{30}\times 2=\frac{5}{8}$$

18. 设独立随机变量 $X\sim N(0,1)$，$Y\sim N(0,1)$，令 $Z=\sqrt{X^2+Y^2}$，求 Z 的数学期望。

解：方法一： 主要思路：

$$E(Z)=E(g(x,y))=\int_{-\infty}^{+\infty}\int_{-\infty}^{+\infty}g(x,y)p(x,y)\mathrm{d}x\mathrm{d}y$$

$$p(x,y)=\frac{1}{2\pi}e^{-\frac{x^2+y^2}{2}}$$

$$E(Z)=\int_{-\infty}^{+\infty}\int_{-\infty}^{+\infty}\sqrt{X^2+Y^2}\frac{1}{2\pi}e^{-\frac{x^2+y^2}{2}}\mathrm{d}x\mathrm{d}y$$

设 $\begin{cases}x=r\cos\theta\\ y=r\sin\theta\end{cases}$，进行雅可比变换可得

$$J=\begin{vmatrix}\dfrac{\partial x}{\partial r} & \dfrac{\partial y}{\partial r}\\[2mm] \dfrac{\partial x}{\partial\theta} & \dfrac{\partial y}{\partial\theta}\end{vmatrix}=\begin{vmatrix}\cos\theta & \sin\theta\\ -r\sin\theta & r\cos\theta\end{vmatrix}=r$$

故 $E(Z) = \int_0^{2\pi} \mathrm{d}\theta \int_0^{+\infty} r \frac{1}{2\pi} \mathrm{e}^{-\frac{r^2}{2}} r \mathrm{d}r$

$\qquad = \frac{1}{2\pi} \cdot 2\pi \int_0^{+\infty} r^2 \mathrm{e}^{-\frac{r^2}{2}} \mathrm{d}r$

$\qquad = \int_0^{+\infty} r \mathrm{d}(\mathrm{e}^{-\frac{r^2}{2}}) = -r\mathrm{e}^{-\frac{r^2}{2}} \Big|_0^{+\infty} + \int_0^{+\infty} \mathrm{e}^{-\frac{r^2}{2}} \mathrm{d}r = 0 + \sqrt{2\pi} \int_0^{+\infty} \frac{1}{\sqrt{2\pi}} \mathrm{e}^{-\frac{r^2}{2}} \mathrm{d}r$

$\qquad = \sqrt{2\pi} \cdot \frac{1}{2} = \sqrt{\frac{\pi}{2}}$

方法二：主要思路：

$$E(Z) = \int_0^{+\infty} z \cdot f(z) \mathrm{d}z$$

$$f(x,y) = \frac{1}{2\pi} \mathrm{e}^{-\frac{x^2+y^2}{2}}$$

$$F_Z = P\{Z \leq z\} = P\{\sqrt{x^2+y^2} \leq z\} = P\{x^2+y^2 \leq z^2\}$$

当 $z < 0$ 时，$F_Z(z) = 0$。

当 $z \geq 0$ 时，$F_Z(z) = \iint \frac{1}{2\pi} \mathrm{e}^{-\frac{x^2+y^2}{2}} \mathrm{d}x\mathrm{d}y \, (x^2+y^2 \leq z^2)$。

设 $\begin{cases} x = r\cos\theta \\ y = r\sin\theta \end{cases}$，进行雅可比变换可得

$$J = \begin{vmatrix} \dfrac{\partial x}{\partial r} & \dfrac{\partial y}{\partial r} \\ \dfrac{\partial x}{\partial \theta} & \dfrac{\partial y}{\partial \theta} \end{vmatrix} = \begin{vmatrix} \cos\theta & \sin\theta \\ -r\sin\theta & r\cos\theta \end{vmatrix} = r$$

故 $F_Z(z) = \frac{1}{2\pi} \int_0^{2\pi} \mathrm{d}\theta \int_0^z \mathrm{e}^{-\frac{r^2}{2}} r \mathrm{d}r = \frac{1}{\sigma^2} \int_0^z \mathrm{e}^{-\frac{r^2}{2}} r \mathrm{d}r = -\mathrm{e}^{-\frac{r^2}{2}} \Big|_0^z = 1 - \mathrm{e}^{-\frac{z^2}{2}}$

$$f_Z(z) = F'_Z(z) = z\mathrm{e}^{-\frac{z^2}{2}} \, (z \geq 0)$$

$$E(Z) = \int_0^{+\infty} z \cdot f(z) \mathrm{d}z = \int_0^{+\infty} z \cdot z\mathrm{e}^{-\frac{z^2}{2}} \mathrm{d}z$$

$$= -\int_0^{+\infty} z \mathrm{d}(\mathrm{e}^{-\frac{z^2}{2}}) = -z\mathrm{e}^{-\frac{z^2}{2}} \Big|_0^{+\infty} + \int_0^{+\infty} \mathrm{e}^{-\frac{z^2}{2}} \mathrm{d}z$$

$$= 0 + \sqrt{2\pi} \int_0^{+\infty} \frac{1}{\sqrt{2\pi}} \mathrm{e}^{-\frac{z^2}{2}} \mathrm{d}z = \sqrt{\frac{\pi}{2}}$$

19. 设随机变量 X 与 Y 独立分布，都服从参数为 λ 的指数分布，令

$$Z = \begin{cases} 3X+1, & X \geq Y \\ 6Y, & X < Y \end{cases}$$

求 $E(Z)$。

解：**方法一**：利用二元函数期望公式

$$EZ = \iint\limits_{x \geq y} (3x + 1) \lambda^2 e^{-\lambda(x+y)} dxdy + \iint\limits_{x < y} 6y \lambda^2 e^{-\lambda(x+y)} dxdy$$

$$= \int_0^\infty (3x + 1) \lambda e^{-\lambda x} dx \int_0^x \lambda e^{-\lambda y} dy + \int_0^\infty 6y \lambda e^{-\lambda y} dy \int_0^y \lambda e^{-\lambda x} dx$$

$$= \int_0^\infty (3x + 1) \lambda e^{-\lambda x} (1 - e^{-\lambda x}) dx + \int_0^\infty 6y \lambda e^{-\lambda y} (1 - e^{-\lambda y}) dy$$

$$= \int_0^\infty (3x + 1) \lambda e^{-\lambda x} (1 - e^{-\lambda x}) dx + \int_0^\infty 6x \lambda e^{-\lambda x} (1 - e^{-\lambda x}) dx$$

$$= \int_0^\infty (9x + 1) \lambda e^{-\lambda x} (1 - e^{-\lambda x}) dx$$

$$= \int_0^\infty (9x + 1) \lambda e^{-\lambda x} dx - \int_0^\infty (9x + 1) \lambda e^{-2\lambda x} dx$$

$$= \int_0^\infty (9x + 1) \lambda e^{-\lambda x} dx - \frac{1}{2} \int_0^\infty (9x + 1) 2\lambda e^{-2\lambda x} dx$$

$$= \frac{9}{\lambda} + 1 - \frac{1}{2} \left(\frac{9}{2\lambda} + 1 \right) = \frac{1}{2} + \frac{27}{4\lambda}$$

方法二：利用重期望求解。

在 $X = x$ 给定时，$Z = \begin{cases} 3X+1, X \geq Y \\ 6Y, X < Y \end{cases}$ 是关于 Y 的函数

$$E(Z \mid X = x) = \int_0^x (3x + 1) \lambda e^{-\lambda y} dy + \int_x^\infty 6y \lambda e^{-\lambda y} dy$$

$$= (3x + 1)(1 - e^{-\lambda x}) + 6x e^{-\lambda x} + \frac{6}{\lambda} e^{-\lambda x}$$

$$= 3x + 1 + e^{-\lambda x} \left(3x + \frac{6}{\lambda} - 1 \right)$$

$$E(Z) = E[E(Z \mid X)] = E \left[3X + 1 + e^{-\lambda X} \left(3X + \frac{6}{\lambda} - 1 \right) \right]$$

$$= 3E(X) + 1 + \int_0^\infty \lambda e^{-2\lambda x} \left(3X + \frac{6}{\lambda} - 1 \right) dx$$

$$= \frac{3}{\lambda} + 1 + \frac{1}{2} \int_0^\infty 2\lambda e^{-2\lambda x} \left(3X + \frac{6}{\lambda} - 1 \right) dx$$

$$= \frac{3}{\lambda} + 1 + \frac{1}{2} \left(\frac{3}{2\lambda} + \frac{6}{\lambda} - 1 \right) = \frac{1}{2} + \frac{27}{4\lambda}$$

20. 设电力公司每月可以供应某工厂的电力 X 服从 $(10,30)$（单位 10^4 kW）上的均匀分布，而该工厂每月实际需要的电力 Y 服从 $(10,20)$（单位 10^4 kW）上的均匀分布。如果工厂能从电力公司得到足够的电力，则每 10^4 kW 电可以创造 30 万元的利润。若工厂从电力公司得不到足够的电力，则不足部分由工厂通过其他途径解决，由其他途径得到的电力每 10^4 kW 电只有 10 万元的利润。试求该厂每个月的平均利润。

解：从题意知，每月供应电力 $X \sim U(10,30)$，而工厂实际需要电力 $Y \sim U(10,20)$。设工厂每个月的利润为 Z 万元，则按题意可得：

$$Z = \begin{cases} 30Y, & Y \le X \\ 30X + 10(Y-X), & Y > X \end{cases}$$

方法一：重期望法。

在 $X = x$ 给定时，Z 仅是 Y 的函数，于是当 $10 \le x < 20$ 时，Z 的条件期望为

$$E(Z \mid X = x) = \int_{10}^{x} 30y f_Y(y) \, dy + \int_{x}^{20} (10y + 20x) f_Y(y) \, dy$$

$$= \int_{10}^{x} 30y \frac{1}{10} dy + \int_{x}^{20} (10y + 20x) \frac{1}{10} dy$$

$$= \frac{3}{2}(x^2 - 100) + \frac{1}{2}(20^2 - x^2) + 2x(20 - x)$$

$$= 50 + 40x - x^2$$

当 $20 \le x < 30$ 时，Z 的条件期望为

$$E(Z \mid X = x) = \int_{10}^{20} 30y f_Y(y) \, dy = \int_{10}^{20} 30y \frac{1}{10} dy = 450$$

然后用 X 的分布对条件期望 $E(Z \mid X = x)$ 再作一次平均，即得

$$E(Z) = E(E(Z \mid X = x))$$

$$= \int_{10}^{20} E(Z \mid X = x) f_X(x) \, dx + \int_{20}^{30} E(Z \mid X = x) f_X(x) \, dx$$

$$= \frac{1}{20} \int_{10}^{20} (50 + 40x - x^2) \, dx + \frac{1}{20} \int_{20}^{30} 450 \, dx$$

$$= 25 + 300 - \frac{700}{6} + 225 = \frac{1\,300}{3} \approx 433.3$$

所以该厂每月的平均利润为 433 万元。

方法二：在 $Y = y$ 给定时，Z 仅是 X 的函数，于是当 $10 \le y < 20$ 时，Z 的条件期望为

$$E(Z \mid Y = y) = \int_{y}^{30} 30y f_X(x) \, dx + \int_{10}^{y} (10y + 20x) f_X(x) \, dx$$

$$= \int_{y}^{30} 30y \frac{1}{20} dx + \int_{10}^{y} (10y + 20x) \frac{1}{20} dx$$

$$= \frac{3}{2} y(30 - y) + \frac{y}{2}(y - 10) + \frac{1}{2}(y^2 - 10^2)$$

$$= -50 + 40y - \frac{1}{2}y^2$$

然后用 Y 的分布对条件期望 $E(Z \mid Y = y)$ 再作一次平均，即得

$$E(Z) = E(E(Z \mid Y = y))$$

$$= \int_{10}^{20} \left(-50 + 40y - \frac{1}{2}y^2 \right) f_Y(y) \, dy$$

$$= \frac{1}{10} \int_{10}^{20} \left(-50 + 40y - \frac{1}{2}y^2 \right) dy$$

$$= -50 + 600 - \frac{700}{6} = \frac{1\,300}{3} \approx 433.3$$

所以该厂每月的平均利润为 433 万元。

方法三：二维随机变量法。

X，Y 的联合密度函数为

$$f(x,y) = \begin{cases} \dfrac{1}{200}, & 10 \leqslant x \leqslant 30, 10 \leqslant y \leqslant 20 \\ 0, & \text{其他} \end{cases}$$

$$E(Z) = \int_{10}^{20}\int_{y}^{30} 30yf(x,y)\mathrm{d}x\mathrm{d}y + \int_{10}^{20}\int_{10}^{y}(20x+10y)f(x,y)\mathrm{d}x\mathrm{d}y$$

$$= \int_{10}^{20}\int_{y}^{30} 30y\frac{1}{200}\mathrm{d}x\mathrm{d}y + \int_{10}^{20}\int_{10}^{y}(20x+10y)\frac{1}{200}\mathrm{d}x\mathrm{d}y$$

$$= \frac{3}{20}\int_{10}^{20}\int_{y}^{30} y\mathrm{d}x\mathrm{d}y + \frac{1}{10}\int_{10}^{20}\int_{10}^{y} x\mathrm{d}x\mathrm{d}y + \frac{1}{20}\int_{10}^{20}\int_{10}^{y} y\mathrm{d}x\mathrm{d}y$$

$$= \frac{3}{20}\int_{10}^{20} y(30-y)\mathrm{d}y + \frac{1}{20}\int_{10}^{20}(y^2-100)\mathrm{d}y + \frac{1}{20}\int_{10}^{20} y(y-10)\mathrm{d}y$$

$$= \frac{3}{20}\int_{10}^{20} y(30-y)\mathrm{d}y + \frac{1}{20}\int_{10}^{20}(y^2-100)\mathrm{d}y + \frac{1}{20}\int_{10}^{20} y(y-10)\mathrm{d}y$$

$$= \frac{3}{20}\left(15y^2-\frac{1}{3}y^3\right)\Big|_{10}^{20} + \frac{1}{20}\left(-100y+\frac{1}{3}y^3\right)\Big|_{10}^{20} + \frac{1}{20}\left(-5y^2+\frac{1}{3}y^3\right)\Big|_{10}^{20}$$

$$= 325 + \frac{200}{3} + \frac{125}{3} = \frac{1\,300}{3} \approx 433.3$$

方法四：二维随机变量法。

$$E(Z) = E(30Y \mid Y \leqslant X) + E(20X+10Y \mid Y>X)$$
$$= 30E(Y \mid Y \leqslant X) + 20E(X \mid Y>X) + 10E(Y \mid Y>X)$$

当 $Y \leqslant X$ 时，$f(x,y \mid Y \leqslant X) = \begin{cases} \dfrac{1}{150}, & y<x<30, 10<y<20 \\ 0, & \text{其他} \end{cases}$

$$f_Y(y \mid Y \leqslant X) = \int_{y}^{30} \frac{1}{150}\mathrm{d}x = \frac{30-y}{150}$$

$$E(Y \mid Y \leqslant X) = f_Y(y \mid Y \leqslant X) = \int_{10}^{20} yf_Y(y \mid Y \leqslant X)\mathrm{d}y = \int_{10}^{20} y\frac{30-y}{150}\mathrm{d}y$$

$$= \frac{1}{10}(400-100) + \left(-\frac{1}{450}(8\,000-1\,000)\right) = 30 - \frac{140}{9}$$

当 $Y>X$ 时，$p(x,y \mid Y>X) = \begin{cases} \dfrac{1}{50}, & 10<x<y, x<y<20 \\ 0, & \text{其他} \end{cases}$

$$f_Y(y \mid Y>X) = \int_{10}^{y} \frac{1}{50}\mathrm{d}x = \frac{y-10}{50}$$

$$E(Y \mid Y>X) = p_Y(y \mid Y>X) = \int_{10}^{20} yf_Y(y \mid Y>X)\mathrm{d}y = \int_{10}^{20} y\frac{y-10}{50}\mathrm{d}y$$

$$= -\frac{1}{10}(400-100) + \left(\frac{1}{150}(8\,000-1\,000)\right) = -30 + \frac{140}{3}$$

$$f_X(x \mid Y > X) = \int_x^{20} \frac{1}{50}\mathrm{d}y = \frac{20-x}{50}$$

$$E(X \mid Y > X) = f_X(x \mid Y > X) = \int_{10}^{30} xf_X(x \mid Y > X)\,\mathrm{d}x = \int_{10}^{30} x\frac{20-x}{50}\mathrm{d}x$$

$$= \frac{1}{5}(900 - 100) + \left(-\frac{1}{150}(27\,000 - 10\,000)\right) = 160 - \frac{520}{3}$$

$$E(Z) = 30E(Y \mid Y \leqslant X) + 20E(X \mid Y > X) + 10E(Y \mid Y > X)$$

$$= 30 \times \left(30 - \frac{140}{9}\right) + 20 \times \left(160 - \frac{520}{3}\right) + 10 \times \left(-30 + \frac{140}{3}\right)$$

$$= \frac{1\,300}{3} \approx 433.3$$

21. A、B 两支球队之间要打 100 场比赛。初始时，两支球队的经验值都为 1。在每一场比赛中，两支球队各自的获胜概率与它们的经验值成正比，随后获胜一方的经验值将会加 1。那么，当 100 场比赛全部打完之后，球队 A 获胜次数的期望是多少？

解：方法一：设球队 A 获胜次数为 x，则

$$P(X=0) = \frac{1}{2} \times \frac{2}{3} \times \cdots \times \frac{100}{101} = \frac{1}{101}$$

$$P(X=1) = \frac{1}{2} \times \frac{1}{3} \times \frac{2}{4} \times \frac{3}{5} \times \cdots \times \frac{99}{101} + \frac{1}{2} \times \frac{1}{4} \times \frac{2}{4} \times \frac{3}{5} \times \cdots \times \frac{99}{101}$$

$$+ \frac{1}{2} \times \frac{2}{3} \times \frac{1}{4} \times \frac{3}{5} \times \cdots \times \frac{99}{101} + \frac{1}{2} \times \frac{2}{3} \times \frac{3}{4} \times \frac{4}{5} \times \cdots \times \frac{99}{100} \times \frac{1}{101}$$

$$= 100 \times \frac{1}{2} \times \frac{1}{3} \times \frac{2}{4} \times \frac{3}{5} \times \cdots \times \frac{99}{101} = \frac{1}{101}$$

通过计算我们发现当 $x = n$ 时，即 100 场中球队 A 获胜 n 场的概率为

$$P(X=n) = \mathrm{C}_{100}^{n} \frac{1 \times 2 \times \cdots \times n \times 1 \times 2 \times \cdots \times (100-n)}{2 \times 3 \times \cdots \times 101}$$

$$= \frac{100!}{n!(100-n)!} \times \frac{n!(100-n)!}{101!} = \frac{1}{101}$$

所以球队 A 获胜次数的期望是

$$E(X) = \sum_{n=0}^{100} nP(X=n) = \frac{0+100}{2} \times 101 \times \frac{1}{101} = 50$$

方法二：先来看一个似乎与此无关的东西：把 0 到 100 之间的数随机排成一行。首先，在纸上写下数字 0；然后，把数字 1 写在数字 0 的左边或者右边；然后，把数字 2 写在最左边，最右边，或者 0 和 1 之间……总之，把数字 k 概率均等地放进由前面 k 个数产生的（包括最左端和最右端在内的）共 $k+1$ 个空位中的一个。写完 100 之后，我们就得到了所有数的一个随机排列。

现在，让我们假设初始时的字符串是 A0B，并且今后每次分裂时，都在分裂得到的两个字母之间标注这是第几次分裂。也就是说，下一步产生的字符串就是 A1A0B 或者 A0B1B 之一。如果下一步产生的字符串是 A1A0B，那么再下一步产生的字符串就会是 A2A1A0B、

A1A2A0B、A1A0B2B 之一……联想前面的讨论就会发现，在第 100 次操作结束后，所有数字实际上形成了一个 0 到 100 的随机排列，也就是说最开始的数字 0 最后出现在各个位置的概率是均等的，均为 1/101。

所以球队 A 获胜次数的期望是

$$E(X) = \sum_{n=0}^{100} nP(X=n) = \frac{0+100}{2} \times 101 \times \frac{1}{101} = 50$$

> 22. X 服从参数为 λ_1 的泊松分布，Y 服从参数为 λ_2 的泊松分布，X 与 Y 相互独立，求 $E[X+Y]^3$。

解：方法一： 利用公式：$E[W^n] = \lambda E[(W+1)]^{n-1}, W \sim P(\lambda)$。

因为 X 与 Y 相互独立，由泊松分布的可加性，可得 $X+Y \sim P(\lambda_1+\lambda_2)$

令 $Z=X+Y$，则 $Z \sim P(\lambda_1+\lambda_2)$。

$\because E[X^n] = \lambda_1 E[X+1]^{n-1}$

$\therefore E[X^3] = \lambda_1 E[X+1]^2 = \lambda_1 E[X^2+2X+1] = \lambda_1(E[X^2]+2E[X]+1)$

$\because E[X^2] = V[X]+E[X]^2 = \lambda_1+\lambda_1^2$

$\therefore E[X^3] = \lambda_1(E[X^2]+2E[X]+1) = \lambda_1(\lambda_1+\lambda_1^2+2\lambda_1+1) = \lambda_1(\lambda_1^2+3\lambda_1+1)$

$\therefore E[Z^3] = (\lambda_1+\lambda_2)((\lambda_1+\lambda_2)^2+3(\lambda_1+\lambda_2)+1)$

即 $E[X+Y]^3 = (\lambda_1+\lambda_2)((\lambda_1+\lambda_2)^2+3(\lambda_1+\lambda_2)+1)$

下面说明 $E[W^n] = \lambda E[W+1]^{n-1}$

$$E[W^n] = \sum_{k=0}^{+\infty} k^n \cdot \frac{\lambda^k}{k!} e^{-\lambda} = \lambda \sum_{k=1}^{+\infty} k^{n-1} \cdot \frac{\lambda^{k-1}}{(k-1)!} e^{-\lambda} \xrightarrow{\text{令 } t=k-1}$$

$$\lambda \sum_{t=0}^{+\infty} (t+1)^{n-1} \cdot \frac{\lambda^t}{t!} e^{-\lambda} = \lambda E[W+1]^{n-1}$$

方法二： 利用特征函数与泰勒展开公式

因为 X 与 Y 相互独立，由泊松分布的可加性，可得 $X+Y \sim P(\lambda_1+\lambda_2)$。

令 $Z=X+Y$，则 $Z \sim P(\lambda_1+\lambda_2)$。

Z 的特征函数　　　　$\varphi_z(t) = E[e^{itz}] = e^{(\lambda_1+\lambda_2)(e^{it}-1)}$

利用泰勒展开公式，对 e^{itz} 与 $e^{2\lambda(e^{it}-1)}$ 进行泰勒展开

$$e^{itz} = 1+itz+\frac{-t^2z^2}{2!}+\frac{-it^3z^3}{3!}+o((itz)^4)$$

$$E(e^{itz}) = 1+itE(Z)-\frac{t^2}{2!}E[Z^2]-\frac{it^3}{3!}E[Z^3]$$

$$e^{it} = 1+it+\frac{-t^2}{2!}-\frac{it^3}{3!}+o((it)^4)$$

$$e^{it}-1 = it+\frac{-t^2}{2!}-\frac{it^3}{3!}+o((it)^4)$$

$$e^{(\lambda_1+\lambda_2)(e^{it}-1)} = e^{(\lambda_1+\lambda_2)\left(it+\frac{-t^2}{2!}+\frac{-it^3}{3!}+o((it)^4)\right)}$$

$$= 1+(\lambda_1+\lambda_2)\left(it+\frac{-t^2}{2!}+\frac{-it^3}{3!}+o((it)^4)\right)+\frac{\left((\lambda_1+\lambda_2)\left(it+\frac{-t^2}{2!}+\frac{-it^3}{3!}+o((it)^4)\right)\right)^2}{2!}$$

$$+\frac{\left((\lambda_1+\lambda_2)\left(it+\frac{-t^2}{2!}+\frac{-it^3}{3!}+o((it)^4)\right)\right)^3}{3!}+o(t^4)$$

$$= 1+it(\lambda_1+\lambda_2)+\left(-\frac{\lambda_1+\lambda_2}{2}-\frac{(\lambda_1+\lambda_2)^2}{2}\right)t^2-\left(\frac{\lambda_1+\lambda_2}{6}+\frac{1}{2}(\lambda_1+\lambda_2)^2+\frac{1}{6}(\lambda_1+\lambda_2)^3\right)it^3+o(t^4)$$

$$= 1+it(\lambda_1+\lambda_2)-\frac{1}{2!}\left((\lambda_1+\lambda_2)+(\lambda_1+\lambda_2)^2\right)t^2-\frac{it^3}{3!}\left((\lambda_1+\lambda_2)+3(\lambda_1+\lambda_2)^2+(\lambda_1+\lambda_2)^3\right)$$

利用 $E[e^{itz}]=e^{2\lambda(e^{it}-1)}$，相同次幂的 t 前面的系数相同

$\therefore E[Z]=(\lambda_1+\lambda_2)+3(\lambda_1+\lambda_2)^2+(\lambda_1+\lambda_2)^3$

方法三：利用泊松分布与二项分布的关系可得出近似解。

因为 X 与 Y 相互独立，由泊松分布的可加性，可得 $X+Y\sim P(\lambda_1+\lambda_2)$。

令 $Z=X+Y$，则 $Z\sim P(\lambda_1+\lambda_2)$。

在 n 重伯努利试验中，记事件 A 在一次试验中发生的概率为 p_n（与试验次数 n 有关），

如果当 $n\to\infty$ 时，有 $np_n\to\lambda^*$，则 $\lim\limits_{n\to\infty}C_n^k p_n^k(1-p_n)^{n-k}=\dfrac{\lambda^{*k}}{k!}e^{-\lambda^*}$。

所以当 n 设置得足够大，并且当 $np_n\to\lambda^*$ 成立时，可以通过计算二项分布 $B(n,p_n)$ 的三阶原点矩，便可近似得到泊松分布的三阶原点矩。

设 $W\sim B(n,p)$，$np=\lambda_1+\lambda_2$

$$
\begin{aligned}
E[W^3] &= \sum_{k=0}^{n} k^3 C_n^k p^k (1-p)^{n-k} \\
&= \sum_{k=0}^{n} k^3 \cdot \frac{n!}{k!(n-k)!} p^k (1-p)^{n-k} \\
&= np \sum_{k=1}^{n} k^2 \cdot \frac{(n-1)!}{(k-1)!(n-k)!} p^{k-1}(1-p)^{n-k} \quad \underline{(\text{令 } t=k-1)} \\
&= np \sum_{t=0}^{n-1} (t+1)^2 \cdot \frac{(n-1)!}{t!(n-t-1)!} p^t (1-p)^{n-t-1} \\
&= np \sum_{t=0}^{n-1} (t^2+2t+1) \cdot \frac{(n-1)!}{t!(n-t-1)!} p^t (1-p)^{n-t-1} \\
&= np(E[W^2]+2E[W]+1) \\
&= np(V(W)+E^2[W]+2E[W]+1) \\
&= np((n-1)p(1-p)+(n-1)^2 p^2+2(n-1)p+1) \\
&= np(n^2p^2+3np-3np^2+2p^2-3p+1)
\end{aligned}
$$

$\therefore E[Z^3]\approx E[W^3]=np(n^2p^2+3np-3np^2+2p^2-3p+1)$

方法四：利用泊松分布与正态分布的关系可得出近似解。

因为 X 与 Y 相互独立，由泊松分布的可加性，可得 $X+Y \sim P(\lambda_1+\lambda_2)$

令 $Z=X+Y$，则 $Z \sim P(\lambda_1+\lambda_2)$。

泊松分布近似正态分布的条件是 $\lambda \geqslant 10$，所以当服从泊松分布的变量 Z 的参数大于等于 10 时，可认为该变量 Z 近似服从 $N(\lambda,\lambda)$，其中 $\lambda=\lambda_1+\lambda_2$。

$$\frac{Z-\lambda}{\sqrt{\lambda}} \overset{近似}{\sim} N(0,1)$$

$$\therefore \ E\left[\frac{Z-\lambda}{\sqrt{\lambda}}\right]^3 = 0$$

即

$$\lambda^{-\frac{3}{2}}E[\,Z^3-3\lambda Z^2+3\lambda^2 Z-\lambda^3\,]=0$$

$$E[\,Z^3\,]=E[\,3\lambda Z^2-3\lambda^2 Z+\lambda^3\,]=3\lambda E[\,Z\,]^2-3\lambda^2 E[\,Z\,]+\lambda^3$$

$$=3\lambda(E^2[\,Z\,]+V(Z))-3\lambda^2 E[\,X\,]+\lambda^3$$

$$=3\lambda(\lambda^2+\lambda)-3\lambda^3+\lambda^3=\lambda^3+3\lambda^2$$

可以看出此时 $E[\,Z^3\,]$ 的近似值与真实值差了一个 λ。这是由于正态分布为连续型分布，与离散型随机变量的分布会有偏差。

第4章 多维随机变量及其分布

解：方法一：分布函数法。

作曲线族 $x-y=z$，得到 z 的分段点为 0，1，如图 4-1 所示。

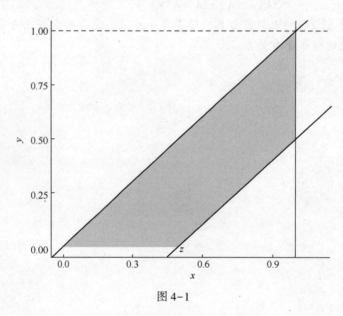

图 4-1

当 $z<0$ 时，$F_Z(z)=0$。

当 $0 \leqslant z<1$ 时，有

$$\begin{aligned}
F_Z(z) &= \int_0^z dx \int_0^x 3x dy + \int_z^1 dx \int_{x-z}^x 3x dy \\
&= \int_0^z 3x^2 dx + \int_z^1 3xz dx \\
&= x^3 \Big|_0^z + \frac{3}{2} x^2 z \Big|_z^1 \\
&= \frac{3}{2} z - \frac{1}{2} z^3
\end{aligned}$$

当 $z \geqslant 1$ 时，$F_Z(z)=1$。

因为分布函数 $F_Z(z)$ 连续，则 $Z=X-Y$ 为连续随机变量。所以 $Z=X-Y$ 的密度函数为

$$f_Z(z) = F'_Z(z) = \begin{cases} \dfrac{3}{2}(1-z^2), & 0<z<1 \\ 0, & \text{其他} \end{cases}$$

方法二：增补变量法。

函数 $x-y=z$ 对任意固定的 y 关于 x 严格单调增加，增补变量 $v=y$，我们可以得到 $\begin{cases} z=x-y \\ v=y \end{cases}$，有反函数 $\begin{cases} x=z+v \\ y=v \end{cases}$。

且 $J = \begin{vmatrix} x'_z & x'_v \\ y'_z & y'_v \end{vmatrix} = \begin{vmatrix} 1 & 1 \\ 0 & 1 \end{vmatrix} = 1$

则我们有 $P_Z(z) = \displaystyle\int_{-\infty}^{+\infty} f(z+v, v)\,\mathrm{d}v$

作曲线族 $x-y=z$，得到 z 的分段点为 0，1，如图 4-2 所示。

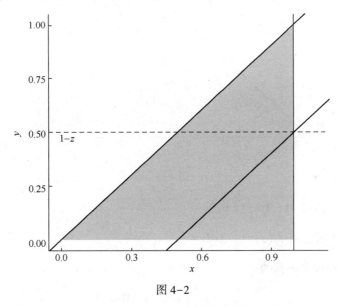

图 4-2

当 $z \le 0$ 或 $z \ge 1$ 时，$f_Z(z)=0$。

当 $0<z<1$ 时，有

$$f_Z(z) = \int_0^{1-z} 3(z+v)\,\mathrm{d}v$$

$$= \frac{3}{2}(z+v)^2 \Big|_0^{1-z}$$

$$= \frac{3}{2}(1-z^2)$$

所以 $Z=X-Y$ 的密度函数为

$$f_Z(z) = \begin{cases} \dfrac{3}{2}(1-z^2), & 0<z<1 \\ 0, & \text{其他} \end{cases}$$

方法三：利用差的概率密度公式法。

利用差的概率密度公式 $\quad f_Z(z) = \int_{-\infty}^{+\infty} f(x, x-z)\mathrm{d}x$

有

$$f(x, x-z) = \begin{cases} 3x, & 0<x<1, 0<x-z<x \\ 0, & \text{其他} \end{cases}$$

区域 $\{(x,z) \mid 0<x<1, 0<x-z<1\}$ 如图 4-3 所示。

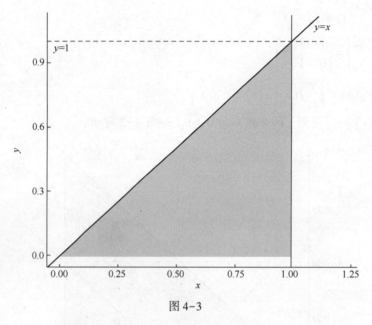

图 4-3

(1) 当 $z\le 0$ 或 $z\ge 1$ 时，$f_Z(z)=0$。

(2) 当 $0\le z<1$ 时，有 $f_Z(z) = \int_z^1 3x\mathrm{d}x = \dfrac{3(1-z^2)}{2}$。

所以 $Z=X-Y$ 的密度函数为

$$f_Z(z) = \begin{cases} \dfrac{3}{2}(1-z^2), & 0<z<1 \\ 0, & \text{其他} \end{cases}$$

> 🖊 **2.** 设二维随机变量 (X,Y) 的概率密度为
>
> $$f(x,y) = \begin{cases} \mathrm{e}^{-x-y}, & x>0, y>0 \\ 0, & x\le 0, y\le 0 \end{cases}$$
>
> 试求 $Z=X-Y$ 的分布函数与概率密度。

方法一：先求 $Z=X-Y$ 的分布函数 $F_Z(z)=P\{Z\le z\}=P\{X-Y\le z\}$

当 $z>0$ 时，

$$F_Z(z) = \int_0^z \mathrm{d}x \int_0^{+\infty} \mathrm{e}^{-x-y}\mathrm{d}y + \int_z^{+\infty} \mathrm{d}x \int_{x-z}^{+\infty} \mathrm{e}^{-x-y}\mathrm{d}y$$

$$= \int_0^z \mathrm{e}^{-x}\mathrm{d}x \int_0^{+\infty} \mathrm{e}^{-y}\mathrm{d}y + \int_z^{+\infty} \mathrm{e}^{-x}\mathrm{d}x \int_{x-z}^{+\infty} \mathrm{e}^{-y}\mathrm{d}y$$

$$= 1 - e^{-z} + e^z \int_z^{+\infty} e^{-2x} dx = 1 - e^{-z} + \frac{1}{2} e^{-z}$$

$$= 1 - \frac{1}{2} e^{-z}$$

当 $z <= 0$ 时,

$$F_Z(z) = \int_0^{+\infty} dx \int_{x-z}^{+\infty} e^{-x-y} dy = e^z \int_0^{+\infty} e^{-2x} dy$$

$$= \frac{1}{2} e^z$$

综上所述,
$$F_Z(z) = \begin{cases} 1 - \dfrac{1}{2} e^{-z}, & z > 0 \\ \dfrac{1}{2} e^z, & z \le 0 \end{cases}$$

再得概率密度为
$$f_Z(z) = F_Z'(z) = \begin{cases} \dfrac{1}{2} e^{-z}, & z > 0 \\ \dfrac{1}{2} e^z, & z \le 0 \end{cases}$$

方法二: 由题设 (X,Y) 的联合密度函数可知 X 与 Y 是相互独立的, 且其边缘概率密度分别是

$$f_x(x) = \begin{cases} e^{-x}, & x > 0 \\ 0, & x \le 0 \end{cases}, \quad f_y(y) = \begin{cases} e^{-y}, & y > 0 \\ 0, & y \le 0 \end{cases}$$

现在令 $T = -Y$, 则 $t = -y, y = h(t) = -t, h'(t) = -1 (t < 0)$
由函数的密度公式可得 $f_Y[h(t)] |h'(t)| = e^{-(-t)} |-1| = e^t$
故

$$f_T(t) = \begin{cases} e^t, & t < 0 \\ 0, & t \ge 0 \end{cases}$$

再由 $Z = X - Y = X + T$, 而且 X 与 T 互相独立, 所以由卷积公式求出 Z 的概率密度函数为

$$f_Z(z) = \int_{-\infty}^{+\infty} f(x) f_Y(z-x) dx$$

$$= \begin{cases} \displaystyle\int_z^{+\infty} e^{-x} e^{-(z-x)} dx = \frac{1}{2} e^{-z}, & z > 0 \\ \displaystyle\int_0^{+\infty} e^{-x} e^{-(z-x)} dx = \frac{1}{2} e^z, & z \le 0 \end{cases}$$

方法三: 利用差的概率密度公式 $f_Z(z) = \int_{-\infty}^{+\infty} f(x, x-z) dx$ 得

$$f(x, x-z) = \begin{cases} e^{-2x+z}, & x > 0, x > z \\ 0, & x \le 0, x \le z \end{cases}$$

其中区域为 $\{(x,z) \mid x > 0, x > z\}$
故

$$z \leqslant 0, f_Z(z) = \int_0^{+\infty} e^{-2x+z} dx = \frac{1}{2} e^z$$

$$z \geqslant 0, f_Z(z) = \int_z^{+\infty} e^{-2x+z} dx = \frac{1}{2} e^{-z}$$

方法四：令 $\begin{cases} Z=X-Y \\ W=Y \end{cases}$，从而 $\begin{cases} X=Z+W \\ Y=W \end{cases}$，$J=\begin{vmatrix} 1 & 1 \\ 1 & 0 \end{vmatrix} = -1$

故区域变为 $T=\{(w,z) \mid z+w>0, w>0\}$

故

$$f(w,z)= \begin{cases} e^{-z-2w}(-1), & (w,z) \in T \\ 0, & (w,z) \notin T \end{cases}$$

进而再求得最后结果即可。

3. 一个袋中有 10 个球，其中有红球 4 个、白球 5 个、黑球 1 个，不放回地抽取两次，每次抽一球，记

$$X_i = \begin{cases} 0, & \text{若第 } i \text{ 次取到红球} \\ 1, & \text{若第 } i \text{ 次取到白球} \\ 2, & \text{若第 } i \text{ 次取到黑球} \end{cases}$$

其中，$i=1,2$。试求：(1) (X_1,X_2) 的联合概率分布；

(2) 计算两次取到的球颜色相同的概率 P。

解：(1) **方法一**：利用条件概率公式。

X_1 的所有可能取值为 $0,1,2$，X_2 的所有可能取值为 $0,1,2$。

$$P(X_1=0,X_2=0) = P(X_1=0)P(X_2=0 \mid X_1=0) = \frac{4}{10} \times \frac{3}{9} = \frac{2}{15}$$

$$P(X_1=0,X_2=1) = P(X_1=0)P(X_2=1 \mid X_1=0) = \frac{4}{10} \times \frac{5}{9} = \frac{2}{9}$$

$$P(X_1=0,X_2=2) = P(X_1=0)P(X_2=2 \mid X_1=0) = \frac{4}{10} \times \frac{1}{9} = \frac{2}{45}$$

$$P(X_1=1,X_2=0) = P(X_1=1)P(X_2=0 \mid X_1=1) = \frac{5}{10} \times \frac{4}{9} = \frac{2}{9}$$

$$P(X_1=1,X_2=1) = P(X_1=1)P(X_2=1 \mid X_1=1) = \frac{5}{10} \times \frac{4}{9} = \frac{2}{9}$$

$$P(X_1=1,X_2=2) = P(X_1=1)P(X_2=2 \mid X_1=1) = \frac{5}{10} \times \frac{1}{9} = \frac{1}{18}$$

$$P(X_1=2,X_2=0) = P(X_1=2)P(X_2=2 \mid X_1=0) = \frac{1}{10} \times \frac{4}{9} = \frac{2}{45}$$

$$P(X_1=2,X_2=1) = P(X_1=2)P(X_2=2 \mid X_1=1) = \frac{1}{10} \times \frac{5}{9} = \frac{1}{18}$$

$$P(X_1=2,X_2=2) = 0$$

所以 (X_1,X_2) 的联合概率分布为

X_1＼X_2	0	1	2
0	$\dfrac{2}{15}$	$\dfrac{2}{9}$	$\dfrac{2}{45}$
1	$\dfrac{2}{9}$	$\dfrac{2}{9}$	$\dfrac{1}{18}$
2	$\dfrac{2}{45}$	$\dfrac{1}{18}$	0

方法二：利用排列方法。

X_1 的所有可能取值为 $0,1,2$，X_2 的所有可能取值为 $0,1,2$。

$$P(X_1=0,X_2=0)=\frac{A_4^2}{A_{10}^2}=\frac{2}{15}, \quad P(X_1=0,X_2=1)=\frac{A_4^1A_5^1}{A_{10}^2}=\frac{2}{9}$$

$$P(X_1=0,X_2=2)=\frac{A_4^1A_1^1}{A_{10}^2}=\frac{2}{45}, \quad P(X_1=1,X_2=0)=\frac{A_5^1A_4^1}{A_{10}^2}=\frac{2}{9}$$

$$P(X_1=1,X_2=1)=\frac{A_5^2}{A_{10}^2}=\frac{2}{9}, \quad P(X_1=1,X_2=2)=\frac{A_5^1A_1^1}{A_{10}^2}=\frac{1}{18}$$

$$P(X_1=2,X_2=0)=\frac{A_1^1A_4^1}{A_{10}^2}=\frac{2}{45}, \quad P(X_1=2,X_2=1)=\frac{A_1^1A_5^1}{A_{10}^2}=\frac{1}{18}$$

$$P(X_1=2,X_2=2)=0$$

所以 (X,Y) 的联合概率分布为

X_1＼X_2	0	1	2
0	$\dfrac{2}{15}$	$\dfrac{2}{9}$	$\dfrac{2}{45}$
1	$\dfrac{2}{9}$	$\dfrac{2}{9}$	$\dfrac{1}{18}$
2	$\dfrac{2}{45}$	$\dfrac{1}{18}$	0

（2）利用（1）中求得的结果，得

$$p=P(X_1=X_2)=P(X_1=0,X_2=0)+P(X_1=1,X_2=1)+P(X_1=2,X_2=2)$$

$$=\frac{2}{15}+\frac{2}{9}+0=\frac{16}{45}$$

4. 掷两枚骰子，第一枚骰子出现的点数记为 X，两枚骰子的最大点数记为 Y，试求：

（1）(X,Y) 的联合概率分布；

（2）X,Y 的边缘分布律；

（3）在 $X=3$ 时，Y 的条件分布律。

解：（1）**方法一**：利用条件概率公式。

X 所有可能取值为 $1,2,3,\cdots,6$，Y 的所有可能取值为 $1,2,3,\cdots,6$。

当 $i>j$ 时，$P(X=i,Y=j)=P(X=i)P(Y=j\mid X=i)=\frac{1}{6}\times 0=0$。

当 $i=j$ 时，$P(X=i,Y=j)=P(X=i)P(Y=j\mid X=i)=\dfrac{1}{6}\times\dfrac{i}{6}=\dfrac{i}{36}$。

当 $i<j$ 时，$P(X=i,Y=j)=P(X=i)P(Y=j\mid X=i)=\dfrac{1}{6}\times\dfrac{1}{6}=\dfrac{1}{36}$。

其中 $i,j=1,2,\cdots,6$，即 (X,Y) 的联合概率分布为

X \ Y	1	2	3	4	5	6
1	$\frac{1}{36}$	$\frac{1}{36}$	$\frac{1}{36}$	$\frac{1}{36}$	$\frac{1}{36}$	$\frac{1}{36}$
2	0	$\frac{2}{36}$	$\frac{1}{36}$	$\frac{1}{36}$	$\frac{1}{36}$	$\frac{1}{36}$
3	0	0	$\frac{3}{36}$	$\frac{1}{36}$	$\frac{1}{36}$	$\frac{1}{36}$
4	0	0	0	$\frac{4}{36}$	$\frac{1}{36}$	$\frac{1}{36}$
5	0	0	0	0	$\frac{5}{36}$	$\frac{1}{36}$
6	0	0	0	0	0	$\frac{6}{36}$

方法二：利用组合的方法。

X 的所有可能取值为 $1,2,3,\cdots,6$，Y 的所有可能取值为 $1,2,3,\cdots,6$。

当 $i>j$ 时，$P(X=i,Y=j)=\dfrac{0}{C_6^1 C_6^1}=0$。

当 $i=j$ 时，$P(X=i,Y=j)=\dfrac{i}{C_6^1 C_6^1}=\dfrac{i}{36}$。

当 $i<j$ 时，$P(X=i,Y=j)=\dfrac{1}{C_6^1 C_6^1}=\dfrac{1}{36}$。

其中 $i,j=1,2,\cdots,6$，即 (X,Y) 的联合概率分布为

X \ Y	1	2	3	4	5	6
1	$\frac{1}{36}$	$\frac{1}{36}$	$\frac{1}{36}$	$\frac{1}{36}$	$\frac{1}{36}$	$\frac{1}{36}$
2	0	$\frac{2}{36}$	$\frac{1}{36}$	$\frac{1}{36}$	$\frac{1}{36}$	$\frac{1}{36}$
3	0	0	$\frac{3}{36}$	$\frac{1}{36}$	$\frac{1}{36}$	$\frac{1}{36}$
4	0	0	0	$\frac{4}{36}$	$\frac{1}{36}$	$\frac{1}{36}$
5	0	0	0	0	$\frac{5}{36}$	$\frac{1}{36}$
6	0	0	0	0	0	$\frac{6}{36}$

（2）X 的边缘分布律为

X	1	2	3	4	5	6
P	$\dfrac{6}{36}$	$\dfrac{6}{36}$	$\dfrac{6}{36}$	$\dfrac{6}{36}$	$\dfrac{6}{36}$	$\dfrac{6}{36}$

Y 的边缘分布律为

Y	1	2	3	4	5	6
P	$\dfrac{1}{36}$	$\dfrac{3}{36}$	$\dfrac{5}{36}$	$\dfrac{7}{36}$	$\dfrac{9}{36}$	$\dfrac{11}{36}$

（3）

$$P(Y=1 \mid X=3) = \frac{P(X=3, Y=1)}{P(X=3)} = \frac{0}{\dfrac{6}{36}} = 0$$

$$P(Y=2 \mid X=3) = \frac{P(X=3, Y=2)}{P(X=3)} = \frac{0}{\dfrac{6}{36}} = 0$$

$$P(Y=3 \mid X=3) = \frac{P(X=3, Y=3)}{P(X=3)} = \frac{\dfrac{3}{36}}{\dfrac{6}{36}} = \frac{1}{2}$$

$$P(Y=4 \mid X=3) = \frac{P(X=3, Y=4)}{P(X=3)} = \frac{\dfrac{1}{36}}{\dfrac{6}{36}} = \frac{1}{6}$$

$$P(Y=5 \mid X=3) = \frac{P(X=3, Y=5)}{P(X=3)} = \frac{\dfrac{1}{36}}{\dfrac{6}{36}} = \frac{1}{6}$$

$$P(Y=6 \mid X=3) = \frac{P(X=3, Y=6)}{P(X=3)} = \frac{\dfrac{1}{36}}{\dfrac{6}{36}} = \frac{1}{6}$$

则在 $X=3$ 的条件下，Y 的条件分布律为

$Y \mid X=3$	$Y=0$	$Y=1$	$Y=2$	$Y=3$	$Y=4$	$Y=5$
P	0	0	$\dfrac{1}{2}$	$\dfrac{1}{6}$	$\dfrac{1}{6}$	$\dfrac{1}{6}$

5. 设 X 与 Y 的联合密度函数为：$p(x,y) = \begin{cases} e^{-(x+y)}, & x>0, y>0 \\ 0, & 其他 \end{cases}$，试求以下随机变量的密度函数：

$$(1)\ Z=\frac{X+Y}{2};\qquad (2)\ Z=Y-X。$$

解：（1）当随机变量 $Z=\frac{X+Y}{2}$ 时：

方法一（递变换法）：

令 $\begin{cases} Z=\dfrac{X+Y}{2}, & Z>0 \\ W=X, & W>0 \end{cases}$，其反函数变换为 $\begin{cases} X=W, & x>0 \\ Y=2Z-W, & y>0 \end{cases}$，所以雅可比行列式为

$$|J| = \begin{vmatrix} \dfrac{\partial x}{\partial w} & \dfrac{\partial x}{\partial z} \\ \dfrac{\partial y}{\partial w} & \dfrac{\partial y}{\partial z} \end{vmatrix} = \begin{vmatrix} 1 & 0 \\ -1 & 2 \end{vmatrix} = 2$$

因此，W 与 Z 的联合概率密度函数为

$$f_{z,w}(z,w) = \mathrm{e}^{-2z} \cdot 2 = 2\mathrm{e}^{-2z}$$

区域 $\{(z,w)\mid z>0, 2z>w\}$ 如图 4-4 所示。

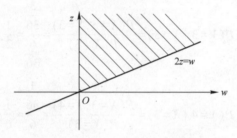

图 4-4 区域 $\{(z,w)\mid z>0, 2z>w\}$

① 当 $z\leq 0$ 时，$f_z=0$。

② 当 $z>0$ 时，$f_z = \displaystyle\int_0^{2z} 2\mathrm{e}^{-2z}\,\mathrm{d}w = 2\mathrm{e}^{-2z}2z = 4z\mathrm{e}^{-2z}$。

所以，随机变量 $Z=\frac{X+Y}{2}$ 的概率密度函数为

$$f_z(z) = \begin{cases} 4z\mathrm{e}^{-2z}, & z>0 \\ 0, & z\leq 0 \end{cases}$$

方法二（定义法）：

因为 $p(x,y)$ 的非零区域为 $x>0, y>0$，所以当 $z\leq 0$ 时，$F_z(z)=0, f_z=0$。

当 $z>0$ 时，

$$F_z(z) = P(Z\leq z) = P(X+Y\leq 2z) = \int_0^{2z}\int_0^{2z-x} \mathrm{e}^{-(x+y)}\,\mathrm{d}y\mathrm{d}x$$

$$= \int_0^{2z} \mathrm{e}^{-x}(1-\mathrm{e}^{-(2z-x)})\,\mathrm{d}x = 1 - \mathrm{e}^{-2z} - 2z\mathrm{e}^{-2z}$$

$$f_z(z) = \frac{\mathrm{d}F_z}{\mathrm{d}z} = 4z\mathrm{e}^{-2z}$$

所以，随机变量 $Z = \dfrac{X+Y}{2}$ 的概率密度函数为

$$f_z(z) = \begin{cases} 4z\mathrm{e}^{-2z}, & z>0 \\ 0, & z \leqslant 0 \end{cases}$$

并且当 $z>0$ 时，随机变量 Z 的概率密度函数为 $f_z(z) = 4z\mathrm{e}^{-2z}$，是伽马分布 $Ga(2,2)$。

方法三：（卷积变换）：

随机变量 $Z = \dfrac{X+Y}{2}$，根据分布函数有

$$F_z(z) = P\left(\frac{X+Y}{2} \leqslant z\right) = \iint\limits_{\frac{X+Y}{2} \leqslant z} f_x(x)f_y(y)\,\mathrm{d}x\mathrm{d}y = \int_{-\infty}^{\infty} \left\{ \int_{-\infty}^{2z-x} f_y(y)\,\mathrm{d}y \right\} f_x(x)\,\mathrm{d}x$$

采用换元法。令 $y = 2t-x$，因为 $0<y=2t-x<2z-x$，所以有 $t<z$。

则

$$\begin{aligned} F_z(z) &= 2\int_{-\infty}^{\infty} \left\{ \int_{-\infty}^{z} P_y(2t-x)\,\mathrm{d}t \right\} P_x(x)\,\mathrm{d}x \\ &= 2\int_{-\infty}^{\infty} \int_{-\infty}^{z} P_y(2t-x)\,\mathrm{d}t P_x(x)\,\mathrm{d}x \\ &= 2\int_{-\infty}^{z} \left\{ \int_{-\infty}^{\infty} P_y(2t-x)P_x(x)\,\mathrm{d}x \right\} \mathrm{d}t \end{aligned}$$

由此可得 Z 的密度函数为

$$p_z(z) = 2\int_{-\infty}^{\infty} P_x(x)P_y(2z-x)\,\mathrm{d}x$$

此式即为随机变量 $Z = \dfrac{X+Y}{2}$ 的卷积变换式。

在本题中有 (X,Y) 联合密度

$$p(x,y) = \begin{cases} \mathrm{e}^{-(x+y)}, & x>0, y>0 \\ 0, & \text{其他} \end{cases}$$

根据上述表达式可得

$$p_z(z) = 2\int_{-\infty}^{\infty} p(x, 2z-x)\,\mathrm{d}x = 2\mathrm{e}^{-2z}$$

区域 $\{(z,w) \mid z>0, 2z>x\}$ 如图4-5所示。

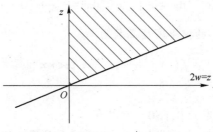

图4-5　区域 $\{(z,w) \mid z>0, 2z>x\}$

① 当 $z \leqslant 0$ 时，$p_z(z) = 0$。

② 当 $z>0$ 时，$p_z(z) = \int_0^{2z} 2\mathrm{e}^{-2z}\mathrm{d}x = 2\mathrm{e}^{-2z}2z = 4z\mathrm{e}^{-2z}$。

所以，随机变量 $Z=\dfrac{X+Y}{2}$ 的概率密度函数为

$$p_z(z)=\begin{cases}4ze^{-2z}, & z>0\\0, & z\le0\end{cases}$$

（2）当随机变量 $Z=Y-X$ 时：

方法一（逆变换法）：

令 $\begin{cases}Z=Y-X, & Z<W\\W=Y, & W>0\end{cases}$，其反函数变换为 $\begin{cases}X=W-Z, & x>0\\Y=W, & y>0\end{cases}$，所以雅可比行列式为

$$|\boldsymbol{J}|=\begin{vmatrix}\dfrac{\partial x}{\partial w} & \dfrac{\partial x}{\partial z}\\[2mm]\dfrac{\partial y}{\partial w} & \dfrac{\partial y}{\partial z}\end{vmatrix}=\begin{vmatrix}1 & -1\\1 & 0\end{vmatrix}=1$$

因此，W 与 Z 的联合概率密度函数为

$$f_{z,w}(z,w)=e^{-(x+y)}=e^{-(2w-z)}=e^{z-2w}$$

区域 $\{(z,w)\mid w>0,w>z\}$ 如图 4-6 所示。

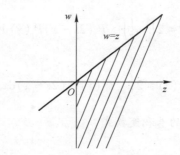

图 4-6 区域 $\{(z,w)\mid w>0,w>z\}$

① 当 $z\le0$ 时，

$$f_z(z)=\int_0^{+\infty}e^{z-2w}\mathrm{d}w=e^z\int_0^{+\infty}e^{-2w}\mathrm{d}w=-\frac{1}{2}e^z(0-1)=\frac{e^z}{2}$$

② 当 $z>0$ 时，

$$f_z(z)=\int_z^{+\infty}e^{z-2w}\mathrm{d}w=e^z\int_z^{+\infty}e^{-2w}\mathrm{d}w=-\frac{1}{2}e^z(0-e^{-2z})=\frac{e^{-z}}{2}$$

所以，随机变量 $Z=Y-X$ 的概率密度函数为

$$f_z(z)=\frac{e^{-|z|}}{2}, \quad -\infty<z<+\infty。$$

方法二（定义法）：

因为 $f(x,y)$ 的非零区域为 $x>0,y>0$，所以有

① 当 $z\le0$ 时，$f(x,y)$ 的非零区域与 $y-x\le z$ 的交集见图 4-7（a）中的阴影部分，所以

$$F_z(z)=P(Z\le z)=P(Y-X\le z)=\int_0^{+\infty}\int_{y-z}^{+\infty}e^{-(x+y)}\mathrm{d}y\mathrm{d}x$$

$$=\int_0^{+\infty}e^{-y}e^{-(y-z)}\mathrm{d}y=\frac{e^z}{2}$$

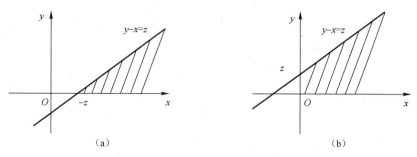

图 4-7 $f(x,y)$ 的非零区域与 $\{y-x\leqslant z\}$ 的交叉区域

此时，Z 的概率密度函数为

$$f_z(z) = \frac{\mathrm{d}F_z}{\mathrm{d}z} = \frac{\mathrm{e}^z}{2}$$

② 当 $z>0$ 时，$f(x,y)$ 的非零区域与 $y-x\leqslant z$ 的交集如图 4-7 （b） 中的阴影部分，所以

$$F_z(z) = P(Z \leqslant z) = P(Y - X \leqslant z) = \int_0^{+\infty} \int_0^{x+z} \mathrm{e}^{-(x+y)} \mathrm{d}y\mathrm{d}x$$

$$= \int_0^{+\infty} \mathrm{e}^{-x}(1 - \mathrm{e}^{-(x+y)}) \mathrm{d}x = 1 - \frac{\mathrm{e}^{-z}}{2}$$

此时，Z 的概率密度函数为

$$f_z(z) = \frac{\mathrm{d}F_z}{\mathrm{d}z} = \frac{\mathrm{e}^{-z}}{2}$$

所以，随机变量 $Z=Y-X$ 的概率密度函数为

$$f_z(z) = \frac{\mathrm{e}^{-|z|}}{2}, \quad -\infty < z < +\infty$$

方法三（卷积变换）：

随机变量 $Z=Y-X$，利用差的概率密度公式 $f_z(z) = \int_{-\infty}^{\infty} f(y-z,y)\mathrm{d}y$ 得

$$f_z(z) = \int_{-\infty}^{\infty} f(y-z,y)\mathrm{d}y = \mathrm{e}^{-(2y-z)} = \mathrm{e}^{z-2y}$$

其中区域 $\{(z,y) \mid y>0, y>z\}$ 如图 4-8 所示。

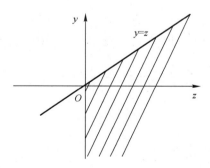

图 4-8 区域 $\{(z,y) \mid y>0, y>z\}$

① 当 $z \leqslant 0$ 时,

$$f_z(z) = \int_0^{+\infty} \mathrm{e}^{z-2y} \mathrm{d}y = \mathrm{e}^z \int_0^{+\infty} \mathrm{e}^{-2y} \mathrm{d}y = \frac{\mathrm{e}^z}{2}$$

② 当 $z > 0$ 时,

$$f_z(z) = \int_0^z \mathrm{e}^{z-2y} \mathrm{d}y = \mathrm{e}^z \int_0^z \mathrm{e}^{-2y} \mathrm{d}y = \frac{\mathrm{e}^{-z}}{2}$$

所以, 随机变量 $Z = Y - X$ 的概率密度函数为

$$f_z(z) = \frac{\mathrm{e}^{-|z|}}{2}, \quad -\infty < z < +\infty$$

6. 设 X 与 Y 为独立随机变量, X 服从区间 $[0,1]$ 上的均匀分布, Y 的密度函数为

$$f_Y(y) = \begin{cases} y, & 0 \leqslant y \leqslant 1 \\ 2-y, & 1 \leqslant y \leqslant 2 \\ 0, & \text{其他} \end{cases}$$

试求: $Z = X + Y$ 的密度函数。

解: 因为 $X \sim \mathrm{U}[0,1]$, 所以 X 的密度函数

$$f_X(x) = \begin{cases} 1, & 0 \leqslant x \leqslant 1 \\ 0, & \text{其他} \end{cases}$$

又由于 X 与 Y 相互独立, 故 X 与 Y 的联合密度函数为

$$f(x,y) = f_X(x) f_Y(y) = \begin{cases} y, & 0 \leqslant x \leqslant 1, 0 \leqslant y \leqslant 1 \\ 2-y, & 0 \leqslant x \leqslant 1, 1 \leqslant y \leqslant 2 \\ 0, & \text{其他} \end{cases}$$

方法一 (分布函数微分法): $Z = X + Y$ 的分布函数由公式

$$F_Z(z) = P\{Z \leqslant z\} = P\{X + Y \leqslant z\} = \iint\limits_{x+y \leqslant z} f(x,y) \mathrm{d}x \mathrm{d}y$$

计算可得: 当 $0 \leqslant z < 1$ 时,

$$F_Z(z) = \int_0^z y(z-y) \mathrm{d}y = \frac{1}{6}z^3$$

当 $1 \leqslant z < 2$ 时,

$$F_Z(z) = \int_0^{z-1} \mathrm{d}x \int_0^1 y \mathrm{d}y + \int_0^{z-1} \mathrm{d}x \int_1^{z-x} (2-y) \mathrm{d}y + \int_{z-1}^1 \mathrm{d}x \int_0^{z-x} y \mathrm{d}y$$

$$= z - 1 - \frac{1}{6}(2-z)^3 - \frac{1}{6}(z-1)^3$$

当 $2 \leqslant z < 3$ 时,

$$F_Z(z) = 1 - \int_{z-1}^2 \mathrm{d}y \int_{z-y}^1 (2-y) \mathrm{d}x = 1 - \frac{1}{6}(3-z)^3$$

当 $z < 0$ 时, $F_Z(z) = 0$; 当 $z \geqslant 3$ 时, $F_Z(z) = 1$。于是

$$F_z(z)=\begin{cases}0, & z<0\\[2mm]\dfrac{1}{6}z^3, & 0\leqslant z<1\\[2mm]z-1-\dfrac{1}{6}(2-z)^3-\dfrac{1}{6}(z-1)^3, & 1\leqslant z<2\\[2mm]1-\dfrac{1}{6}(3-z)^3, & 2\leqslant z<3\\[2mm]1, & z\geqslant3\end{cases}$$

对 z 求导即得 Z 的密度函数为

$$f_Z(z)=\begin{cases}\dfrac{1}{2}z^2, & 0\leqslant z<1\\[2mm]-z^2+3z-\dfrac{3}{2}, & 1\leqslant z<2\\[2mm]\dfrac{1}{2}z^2-3z+\dfrac{9}{2}, & 2\leqslant z<3\\[2mm]0, & 其他\end{cases}$$

方法二（卷积公式）：根据随机变量和密度函数公式

$$f_Z(z)=\int_{-\infty}^{+\infty}f_X(x)f_Y(z-x)\mathrm{d}x$$

当 $0\leqslant z<1$ 时，由条件 $0<x<1,0<z-x<1$ 得 $0<x<z$，故

$$f_Z(z)=\int_0^z(z-x)\mathrm{d}x=\dfrac{1}{2}z^2$$

当 $1\leqslant z<2$ 时，由 $0<x<1$ 及 $0<z-x<1$ 和 $0<x<1$ 及 $1<z-x<2$ 得 $z-1<x<1$ 和 $0<x<z-1$，因此

$$f_Z(z)=\int_{z-1}^1(z-x)\mathrm{d}x+\int_0^{z-1}[2-(z-x)]\mathrm{d}x=-z^2+3z-\dfrac{3}{2}$$

当 $2\leqslant z<3$ 时，由条件 $0<x<1$ 及 $1<z-x<2$ 得 $z-2<x<1$，于是

$$f_Z(z)=\int_{z-2}^1[2-(z-x)]\mathrm{d}x=\dfrac{1}{2}z^2-3z+\dfrac{9}{2}$$

所以

$$f_Z(z)=\begin{cases}\dfrac{1}{2}z^2, & 0\leqslant z<1\\[2mm]-z^2+3z-\dfrac{3}{2}, & 1\leqslant z<2\\[2mm]\dfrac{1}{2}z^2-3z+\dfrac{9}{2}, & 2\leqslant z<3\\[2mm]0, & 其他\end{cases}$$

方法三（积分转化法）：因为

$$\int_{-\infty}^{\infty}\int_{-\infty}^{\infty}h(x+y)f(x,y)\mathrm{d}x\mathrm{d}y=\int_0^1\left[\int_0^1h(x+y)y\mathrm{d}y+\int_1^2h(x+y)(2-y)\mathrm{d}y\right]\mathrm{d}x$$

$$\xlongequal{\text{令 } z = x + y} \int_0^1 \left[h(z) \int_z^{z-1} y\,\mathrm{d}y \right]\mathrm{d}z + \int_1^2 \left[h(z) \int_z^{z-1} (2 - y)\,\mathrm{d}y \right]\mathrm{d}z$$

$$= \int_0^1 \left[h(z) \int_0^z y\,\mathrm{d}y \right]\mathrm{d}z + \int_1^2 h(z) \left[\int_{z-1}^1 y\,\mathrm{d}y + \int_1^z (2 - y)\,\mathrm{d}y \right]\mathrm{d}z + \int_2^3 h(z) \int_{z-1}^2 (2 - y)\,\mathrm{d}y\,\mathrm{d}z$$

$$= \int_0^1 h(z) \cdot \frac{1}{2}z^2\,\mathrm{d}z + \int_1^2 h(z) \left[\left(z - \frac{1}{2}z^2 \right) - \left(\frac{3}{2} - 2z + \frac{z^2}{2} \right) \right]\mathrm{d}z + \int_2^3 h(z) \left(\frac{1}{2}z^2 - 3z + \frac{9}{2} \right)\mathrm{d}z$$

所以

$$f_Z(z) = \begin{cases} \dfrac{1}{2}z^2, & 0 \leqslant z < 1 \\[2mm] -z^2 + 3z - \dfrac{3}{2}, & 1 \leqslant z < 2 \\[2mm] \dfrac{1}{2}z^2 - 3z + \dfrac{9}{2}, & 2 \leqslant z < 3 \\[2mm] 0, & \text{其他} \end{cases}$$

✒ 7. 设某系统 L 由两个子系统 L_1，L_2 组成，已知 L_1，L_2 的寿命分布为随机变量 X，Y，它们相互独立且都服从指数分布，概率密度函数分别为

$$f_X(x) = \begin{cases} \lambda_1 e^{-\lambda_1 x}, & x > 0 \\ 0, & x \leqslant 0 \end{cases}; \qquad f_Y(y) = \begin{cases} \lambda_2 e^{-\lambda_2 y}, & y > 0 \\ 0, & y \leqslant 0 \end{cases}$$

其中 $\lambda_1 > 0, \lambda_2 > 0$。试求当 L_1，L_2 为串联时，系统 L 的寿命 Z 的分布函数，并进一步求出其概率密度函数。

解： 当 L_1，L_2 为串联时，此时 L 的寿命 $Z = \min\{X, Y\}$。

方法一（公式法）：用最小值分布的公式求解，容易知道，X，Y 都能够服从指数分布，它们的分布函数分别为

$$F_X(x) = \begin{cases} 1 - e^{-\lambda_1 x}, & x > 0 \\ 0, & x \leqslant 0 \end{cases}; \qquad F_Y(y) = \begin{cases} 1 - e^{-\lambda_2 y}, & y > 0 \\ 0, & y \leqslant 0 \end{cases}$$

由 $Z = \min\{X, Y\}$ 的分布函数，有公式 $F_Z(z) = 1 - (1 - F_X(z))(1 - F_Y(z))$，由此可以得出

$$F_Z(z) = \begin{cases} 1 - e^{-(\lambda_1 + \lambda_2)z}, & z > 0 \\ 0, & z \leqslant 0 \end{cases}$$

故

$$f_Z(z) = F_Z'(z) = \begin{cases} (\lambda_1 + \lambda_2) e^{-(\lambda_1 + \lambda_2)z}, & z > 0 \\ 0, & z \leqslant 0 \end{cases}$$

方法二（计算法）：由最小值分布的定义，通过计算求出，有 X，Y 相互独立，$f(x, y) = f_X(x)f_Y(y)$，所以有

$$f(x, y) = \begin{cases} \lambda_1 \lambda_2 e^{-(\lambda_1 x + \lambda_2 y)}, & x > 0, y > 0 \\ 0, & \text{其他} \end{cases}$$

易知当 $z \leqslant 0$ 时，$F_Z(z) = 0$。

当 $z > 0$ 时，$F_Z(z) = P(Z \leqslant z) = P(\min\{X, Y\} \leqslant z)$

$$= 1 - P(\min\{X, Y\} > z) = 1 - P(X > z, Y > z)$$

$$= 1 - \iint\limits_{x>z, y>z} f(x,y)\,\mathrm{d}x\mathrm{d}y$$

$$= 1 - \int_z^\infty \int_z^\infty \lambda_1 \lambda_2 \mathrm{e}^{-(\lambda_1 x + \lambda_2 y)}\,\mathrm{d}y\mathrm{d}x$$

$$= 1 - \mathrm{e}^{-(\lambda_1 + \lambda_2)z}$$

即 $F_Z(z) = \begin{cases} 1 - \mathrm{e}^{-(\lambda_1+\lambda_2)z}, & z > 0 \\ 0, & z \leqslant 0 \end{cases}$

故

$$f_Z(z) = F'_Z(z) = \begin{cases} (\lambda_1 + \lambda_2)\,\mathrm{e}^{-(\lambda_1+\lambda_2)z}, & z > 0 \\ 0, & z \leqslant 0 \end{cases}$$

8. 某种商品一周的需要量是一个随机变量，其密度函数为

$$f_1(t) = \begin{cases} t\mathrm{e}^{-t}, & t > 0 \\ 0, & t \leqslant 0 \end{cases}$$

设各周的需要量是相互独立的，试求两周需要量的密度函数 $f_2(x)$。

解：方法一：根据独立伽马变量之和仍为伽马变量求解。

设 T_i 表示"该种商品第 i 周的需要量"，因 T_i 的密度函数为

$$f_i(t) = \begin{cases} \dfrac{1}{\Gamma(2)} t^{2-1} \mathrm{e}^{-t}, & t > 0 \\ 0, & t \leqslant 0 \end{cases}$$

可知 T_i 服从伽马分布 Gamma$(2,1)$。

两周需要量为 $T_1 + T_2$，因 T_1 与 T_2 相互独立且都服从伽马分布 Gamma$(2,1)$，故 T_1+T_2 服从伽马分布 Gamma$(4,1)$，密度函数为

$$f_2(x) = \begin{cases} \dfrac{1}{I(4)} x^{4-1} \mathrm{e}^{-x}, & x > 0 \\ 0, & x \leqslant 0 \end{cases} = \begin{cases} \dfrac{1}{6} x^3 \mathrm{e}^{-x}, & x > 0 \\ 0, & x \leqslant 0 \end{cases}$$

方法二（分布函数法）：两周需要量为 $X_2 = T_1 + T_2$，作曲线簇 $t_1 + t_2 = x$（见图 4-9）。

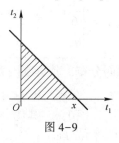

图 4-9

当 $x \leqslant 0$ 时，$F_2(x) = 0$。

当 $x > 0$ 时，

$$F_2(x) = \int_0^x \mathrm{d}t_1 \int_0^{x-t_1} t_1 \mathrm{e}^{-t_1} t_2 \mathrm{e}^{-t_2}\,\mathrm{d}t_2 = \int_o^x \mathrm{d}t_1 t_1 \mathrm{e}^{-t_1} (-t_2\mathrm{e}^{-t_2} - \mathrm{e}^{-t_2}) \Big|_0^{x-t_1}$$

$$= \int_0^x \left[(t_1^2 - xt_1 - t_1) \mathrm{e}^{-x} t_1 \mathrm{e}^{-t_1} \right]\mathrm{d}t_1$$

$$= \left[\left(\frac{1}{3}t_1^3 - \frac{1}{2}t_1^2 x - \frac{1}{2}t_1^2 \right) \mathrm{e}^{-x} - t_1 \mathrm{e}^{-t_1} - \mathrm{e}^{-t_1} \right]_0^x$$

$$= \left(\frac{1}{3}x^3 - \frac{1}{2}x^3 - \frac{1}{2}x^2 \right) \mathrm{e}^{-x} - x\mathrm{e}^{-x} - \mathrm{e}^{-x} - (-1)$$

$$= 1 - \mathrm{e}^{-x} - x\mathrm{e}^{-x} - \frac{1}{2}x^2\mathrm{e}^{-x} - \frac{1}{6}x^3\mathrm{e}^{-x}$$

故 $X_2 = T_1 + T_2$ 的密度函数为

$$f_2(x) = F_2'(x) = \begin{cases} \frac{1}{6}x^3\mathrm{e}^{-x}, & x>0 \\ 0, & x\leqslant 0 \end{cases}$$

方法三：卷积公式（增补变量法）

两周需要量为 $X_2 = T_1 + T_2$，卷积公式 $f_2(x) = \int_{-\infty}^{\infty} p_{T_1}(x-t_2) p_{T_2}(t_2)\,\mathrm{d}t_2$

作曲线簇 $t_1 + t_2 = x$（见图 4-10）。

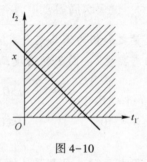

图 4-10

当 $x \leqslant 0$ 时，$f_2(x) = 0$。

当 $x > 0$ 时，

$$f_2(x) = \int_0^x (x-t_2)\mathrm{e}^{-(x-t_2)} \cdot t_2 \mathrm{e}^{-t_2}\mathrm{d}t_2 = \int_0^x (xt_2 - t_2^2)\mathrm{e}^{-x}\mathrm{d}t_2 = \left(\frac{1}{2}t_2^2 x - \frac{1}{3}t_2^3 \right)\mathrm{e}^{-x} \Big|_0^x = \frac{1}{6}x^3\mathrm{e}^{-x}$$

故 $X_2 = T_1 + T_2$ 的密度函数为

$$f_2(x) = \begin{cases} \frac{1}{6}x^3\mathrm{e}^{-x}, & x>0 \\ 0, & x\leqslant 0 \end{cases}$$

9. 设随机变量 X_1 与 X_2 相互独立同分布，其密度函数为

$$f(x) = \begin{cases} 2x, & 0<x<1 \\ 0, & 其他 \end{cases}$$

试求 $Z = \max\{X_1, X_2\} - \min\{X_1, X_2\}$ 的分布。

解：二维随机变量 (X_1, X_2) 的联合密度函数为

$$f(x_1, x_2) = \begin{cases} 4x_1 x_2, & 0<x_1<1, 0<x_2<1 \\ 0, & 其他 \end{cases}$$

因 $Z = \max\{X_1, X_2\} - \min\{X_1, X_2\} = |X_1 - X_2|$

方法一： 作曲线簇 $|x_1 - x_2| = z$ （见图 4-11）。

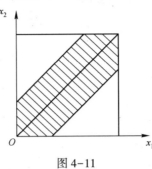

图 4-11

当 $z < 0$ 时，$F_Z(z) = 0$。

当 $0 \leqslant z < 1$ 时，

$$
\begin{aligned}
F_Z(z) &= 1 - 2\int_z^1 \mathrm{d}x_1 \int_0^{x_1 - z} 4x_1 x_2 \mathrm{d}x_2 \\
&= 1 - 2\int_z^1 \mathrm{d}x_1 \cdot 2x_1 x_2^2 \Big|_0^{x_1 - z} \\
&= 1 - 4\int_z^1 (x_1^3 - 2zx_1^2 + z^2 x_1) \mathrm{d}x_1 \\
&= 1 - 4\left(\frac{x_1^4}{4} - \frac{2zx_1^3}{3} + \frac{z^2 x_1^2}{2}\right) \Big|_z^1 \\
&= \frac{8z}{3} - 2z^2 + \frac{z^4}{3}
\end{aligned}
$$

当 $z \geqslant 1$ 时，$F_Z(z) = 1$。

故 $Z = \max\{X_1, X_2\} - \min\{X_1, X_2\}$ 的密度函数为

$$
p_Z(z) = F_Z'(z) = \begin{cases} \dfrac{8}{3} - 4z + \dfrac{4z^3}{3}, & 0 < z < 1 \\[2mm] 0, & \text{其他} \end{cases}
$$

方法二： 先求 $W = X_1 - X_2$ 的概率密度函数，利用差的概率密度公式

$f_W(w) = \displaystyle\int_{-\infty}^{+\infty} f(x_1, x_1 - w) \mathrm{d}x$，其中

$$
f(x_1, x_1 - w) = \begin{cases} 4x_1(x_1 - w), & 0 < x_1 < 1, 0 < x_1 - w < 1 \\ 0, & \text{其他} \end{cases}
$$

区域 $\{(x_1, w) \mid 0 < x_1 < 1, 0 < x_1 - w < 1\}$ 如图 4-12 所示。

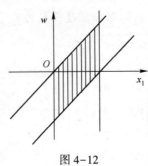

图 4-12

84 概率论与数理统计难点解析与一题多解

① 当 $w \leqslant 0$ 时, $f_W(w) = \int_0^{w+1} 4x_1(x_1 - w)\,\mathrm{d}x_1$

$$= -\frac{2}{3}w^3 + 2w + \frac{4}{3}$$

② 当 $w > 0$ 时, $f_W(w) = \int_w^1 4x_1(x_1 - w)\,\mathrm{d}x_1$

$$= \frac{2}{3}w^3 - 2w + \frac{4}{3}$$

$W = X_1 - X_2$ 的概率密度函数为

$$f_W(w) = \begin{cases} \dfrac{2}{3}w^3 - 2w + \dfrac{4}{3}, & w > 0 \\[2mm] -\dfrac{2}{3}w^3 + 2w + \dfrac{4}{3}, & w \leqslant 0 \end{cases}$$

$Z = |W|$, 其分布函数为 $F(z) = P(Z \leqslant z) = P(|W| \leqslant z)$。

① 当 $z \leqslant 0$ 时, $F_Z(z) = P(\varnothing) = 0$

② 当 $0 < z < 1$ 时, $F_Z(z) = P(-z \leqslant W \leqslant z)$

$$= \int_{-z}^z f_W(w)\,\mathrm{d}w$$

$$= \int_{-z}^0 \left(-\frac{2}{3}w^3 + 2w + \frac{4}{3}\right)\mathrm{d}w + \int_0^z \left(\frac{2}{3}w^3 - 2w + \frac{4}{3}\right)\mathrm{d}w$$

$$= \frac{8z}{3} - 2z^2 + \frac{z^4}{3}$$

③ 当 $z \geqslant 1$ 时, $F_Z(z) = 1$。

故 $Z = \max\{X_1, X_2\} - \min\{X_1, X_2\}$ 的密度函数为

$$f_Z(z) = F_Z'(z) = \begin{cases} \dfrac{8}{3} - 4z + \dfrac{4z^3}{3}, & 0 < z < 1 \\[2mm] 0, & \text{其他} \end{cases}$$

该方法中计算 W 时还可以用变量替换法, 即再设 $T = X_1$, 然后计算雅可比行列式, 但是这种方法与卷积公式实际上是相同原理的。

注: $\max\{X, Y\} = (X + Y + |X - Y|)/2$, $\min\{X, Y\} = (X + Y - |X - Y|)/2$。

✎ 10. ξ_1 与 ξ_2 均分别服从正态分布 $N(0, \sigma^2)$ 且相互独立. 求 $\eta = \sqrt{\xi_1^2 + \xi_2^2}$ 的密度函数。

解: 方法一:

由 ξ_1 与 ξ_2 相互独立可知, ξ_1 与 ξ_2 的联合密度函数为 $f_{\xi_1,\xi_2}(x_1, x_2) = f_{\xi_1}(x_1)f_{\xi_2}(x_2)$。

设 $\begin{cases} y_1 = \sqrt{x_1^2 + x_2^2} \\ y_2 = x_2 \end{cases}$, 则有 $\begin{cases} x_1 = \pm\sqrt{y_1^2 - y_2^2} \\ x_2 = y_2 \end{cases}$。

当 $x_1 = \sqrt{y_1^2 - y_2^2}$ 时, 对应的 $J = \begin{vmatrix} \dfrac{\partial x_1}{\partial y_1} & \dfrac{\partial x_1}{\partial y_2} \\[3mm] \dfrac{\partial x_2}{\partial y_1} & \dfrac{\partial x_2}{\partial y_2} \end{vmatrix} = \begin{vmatrix} \dfrac{y_1}{\sqrt{y_1^2 - y_2^2}} & \dfrac{-y_2}{\sqrt{y_1^2 - y_2^2}} \\[3mm] 0 & 1 \end{vmatrix} = \dfrac{y_1}{\sqrt{y_1^2 - y_2^2}},$

当 $x_1 = -\sqrt{y_1^2 - y_2^2}$ 时，对应的 $J = \begin{vmatrix} \dfrac{\partial x_1}{\partial y_1} & \dfrac{\partial x_1}{\partial y_2} \\ \dfrac{\partial x_2}{\partial y_1} & \dfrac{\partial x_2}{\partial y_2} \end{vmatrix} = \begin{vmatrix} \dfrac{-y_1}{\sqrt{y_1^2 - y_2^2}} & \dfrac{y_2}{\sqrt{y_1^2 - y_2^2}} \\ 0 & 1 \end{vmatrix} = \dfrac{-y_1}{\sqrt{y_1^2 - y_2^2}}$。

η_1 与 η_2 的联合密度函数即为

$$f_{\eta_1, \eta_2}(y_1, y_2) = f_{\xi_1, \xi_2}(x_1(y_1, y_2), x_2(y_1, y_2)) \cdot |J| \times 1_{\{x_1 > 0\}} +$$
$$f_{\xi_1, \xi_2}(x_1(y_1, y_2), x_2(y_1, y_2)) \cdot |J| \times 1_{\{x_1 \le 0\}}$$

$$= \left(\frac{1}{\sqrt{2\pi\sigma^2}} \right)^2 \mathrm{e}^{\frac{-(y_1^2)}{2\sigma^2}} \cdot \frac{y_1}{\sqrt{y_1^2 - y_2^2}} + \left(\frac{1}{\sqrt{2\pi\sigma^2}} \right)^2 \mathrm{e}^{\frac{-(y_1^2)}{2\sigma^2}} \cdot \frac{y_1}{\sqrt{y_1^2 - y_2^2}} = \frac{1}{\pi\sigma^2} \mathrm{e}^{\frac{-(y_1^2)}{2\sigma^2}} \cdot \frac{y_1}{\sqrt{y_1^2 - y_2^2}}$$

$(0 < y_1, -\infty < y_2 < +\infty)$

根据 η_1 与 η_2 的联合密度函数可求得 η_1 的边际密度函数即为

$$f_{\eta_1}(y_1) = \int_{-\infty}^{+\infty} \frac{1}{\pi\sigma^2} \mathrm{e}^{\frac{-(y_1^2)}{2\sigma^2}} \cdot \frac{y_1}{\sqrt{y_1^2 - y_2^2}} \mathrm{d}y_2 = \frac{y_1}{\pi\sigma^2} \mathrm{e}^{\frac{-(y_1^2)}{2\sigma^2}} \int_{-y_1}^{y_1} \frac{1}{\sqrt{1 - \dfrac{y_2^2}{y_1^2}}} \mathrm{d}\frac{y_2}{y_1} = \frac{y_1}{\sigma^2} \mathrm{e}^{\frac{-(y_1^2)}{2\sigma^2}}, \quad y_1 > 0$$

$$f_{\eta_1}(y_1) = 0, \quad y_1 \le 0$$

方法二：

由 $f_{\eta_1}(t) = \dfrac{\mathrm{d}F_{\eta_1}(t)}{\mathrm{d}t}$ 以及 $F_{\eta_1}(t) = P\{\sqrt{\xi_1^2 + \xi_2^2} < t\}$ 进行求解。

为更好利用 $\sqrt{\xi_1^2 + \xi_2^2} < t$ 的形式，选用极坐标 $\begin{cases} x_1 = r\cos\theta \\ x_2 = r\sin\theta \end{cases}$ 的形式进行变换。

对应的雅可比行列式即为 $J = \begin{vmatrix} \cos\theta & -r\sin\theta \\ \sin\theta & r\cos\theta \end{vmatrix} = r$

$$F_{\eta_1}(t) = P\{\sqrt{\xi_1^2 + \xi_2^2} < t\} = \iint_{\sqrt{\xi_1^2 + \xi_2^2} < t} \frac{1}{2\pi\sigma^2} \mathrm{e}^{\frac{-(x_1^2 + x_2^2)}{2\sigma^2}} \mathrm{d}x_1 \mathrm{d}x_2$$

$$= \int_0^{2\pi} \int_0^t \frac{r}{2\pi\sigma^2} \mathrm{e}^{\frac{-(r^2)}{2\sigma^2}} \mathrm{d}r \mathrm{d}\theta = 1 - \mathrm{e}^{\frac{-(t^2)}{2\sigma^2}} \quad (t > 0)$$

则当 $t > 0$ 时，$f_{\eta_1}(t) = \dfrac{\mathrm{d}F_{\eta_1}(t)}{\mathrm{d}t} = \dfrac{\mathrm{d}(1 - \mathrm{e}^{\frac{-(t^2)}{2\sigma^2}})}{\mathrm{d}t} = \dfrac{t}{\sigma^2} \mathrm{e}^{\frac{-(t^2)}{2\sigma^2}}$；当 $t \le 0$ 时，$f_{\eta_1}(t) = 0$。

我们继续把问题推广到三维的情况。

若 ξ_1，ξ_2，ξ_3 均分别服从正态分布 $N(0, \sigma^2)$ 且相互独立，求 $\eta = \sqrt{\xi_1^2 + \xi_2^2 + \xi_3^2}$ 的密度函数。
上述方法一的计算过程较为麻烦，因而借鉴方法二，将问题转化为 $F_{\eta_1}(t) = $

$P\{\sqrt{\xi_1^2 + \xi_2^2 + \xi_3^2} < t\}$，并利用极坐标 $\begin{cases} x_1 = r\sin\varphi\cos\theta \\ x_2 = r\sin\varphi\sin\theta \\ x_3 = r\cos\varphi \end{cases}$ 进行变换，其中 $0 < \varphi < \pi, 0 < \theta < 2\pi, 0 < r$。

对应的雅可比行列式即为 $J = \begin{vmatrix} \sin\varphi\cos\theta & r\cos\varphi\cos\theta & -r\sin\varphi\sin\theta \\ \sin\varphi\sin\theta & r\cos\varphi\sin\theta & r\sin\varphi\cos\theta \\ \cos\varphi & -r\sin\varphi & 0 \end{vmatrix} = r^2\sin\varphi$

$$F_{\eta_1}(t) = P\{\sqrt{\xi_1^2 + \xi_2^2 + \xi_3^2} < t\}$$

$$= \iiint\limits_{\sqrt{\xi_1^2+\xi_2^2+\xi_3^2}<t} \left(\frac{1}{\sqrt{2\pi\sigma^2}}\right)^3 e^{\frac{-(x_1^2+x_2^2+x_3^2)}{2\sigma^2}} dx_1 dx_2 dx_3$$

$$= \int_0^\pi \int_0^{2\pi} \int_0^t \left(\frac{1}{\sqrt{2\pi\sigma^2}}\right)^3 e^{\frac{-(r^2)}{2\sigma^2}} r^2 \sin\varphi \, dr d\theta d\varphi = \left(\frac{1}{\sqrt{2\pi\sigma^2}}\right)^3 2\pi \int_0^\pi \sin\varphi \, d\varphi \int_0^t e^{\frac{-(r^2)}{2\sigma^2}} r^2 dr \quad (t>0)$$

则当 $t>0$ 时，$f_{\eta_1}(t) = \dfrac{dF_{\eta_1}(t)}{dt} = \dfrac{d\left(\left(\frac{1}{\sqrt{2\pi\sigma^2}}\right)^3 2\pi \int_0^\pi \sin\varphi \, d\varphi \int_0^t e^{\frac{-(r^2)}{2\sigma^2}} r^2 dr\right)}{dt}$

$$= \frac{2}{\sigma^2} \cdot \frac{1}{\sqrt{2\pi\sigma^2}} t^2 e^{\frac{-(t^2)}{2\sigma^2}}$$

当 $t \le 0$ 时，$f_{\eta_1}(t) = 0$。

还可以把问题推广到多维：

若 $\xi_1,\xi_2,\cdots,\xi_n$ 均分别服从正态分布 $N(0,\sigma^2)$ 且相互独立，求 $\eta = \sqrt{\sum_{k=1}^n \xi_k^2}$ 的密度函数。

根据 $\sum_{k=1}^n \xi_k^2$ 的形式进行构造，有 $\begin{cases} x_1 = r\cos\varphi_1 \\ x_2 = r\sin\varphi_1\cos\varphi_2 \\ \vdots \\ x_n = r\sin\varphi_1\sin\varphi_2\cdots\sin\varphi_{n-2}\sin\varphi_{n-1} \end{cases}$

其中 $0<r, 0\le\varphi_1\le\pi, \cdots, 0\le\varphi_{n-1}\le\pi, 0\le\varphi_n\le2\pi$。

经过计算，对应的雅可比行列式 $J = \dfrac{D(x_1,x_2,\cdots,x_n)}{D(r,\varphi_1,\varphi_2,\cdots,\varphi_{n-1})} = r^{n-1}\sin\varphi_1^{n-2}\sin\varphi_2^{n-3}\cdot\cdots\cdot\sin\varphi_{n-2}$

$$F_{\eta_1}(t) = P\left\{\sqrt{\sum_{k=1}^n \xi_k^2} < t\right\} = \iiint\limits_{\sqrt{\sum_{k=1}^n\xi_k^2}<t} \left(\frac{1}{\sqrt{2\pi\sigma^2}}\right)^n e^{-\frac{\left(\sum_{k=1}^n x_k^2\right)}{2\sigma^2}} dx_1 dx_2 \cdot\cdots\cdot dx_n$$

$$= \int_0^{2\pi} \int_0^\pi \cdots \int_0^t \left(\frac{1}{\sqrt{2\pi\sigma^2}}\right)^n e^{\frac{-(r^2)}{2\sigma^2}} r^{n-1}\sin\varphi_1^{n-2}\sin\varphi_2^{n-3}\cdot\cdots\cdot\sin\varphi_{n-2} dr\cdot\cdots\cdot d\varphi_{n-2} d\varphi_{n-1}$$

其中 $\int_0^\pi \sin\varphi_1^{n-2} d\varphi_1 = 2\int_0^{\pi/2} \sin\varphi_1^{n-2} d\varphi_1 = \sqrt{\pi}\dfrac{\Gamma\left(\frac{a}{2}\right)}{\Gamma\left(\frac{a+1}{2}\right)}$，则可得到

$$F_{\eta_1}(t) = \frac{2\pi^{\frac{n}{2}}}{(2\pi\sigma^2)^{\frac{n}{2}}\Gamma\left(\frac{n}{2}\right)} \int_0^t r^{n-1} e^{\frac{-(r^2)}{2\sigma^2}} dr \quad (t>0)$$

$$f_{\eta_1}(t) = \frac{2\pi^{\frac{n}{2}}}{(2\pi\sigma^2)^{\frac{n}{2}}\Gamma\left(\dfrac{n}{2}\right)} t^{n-1} e^{\frac{-(t^2)}{2\sigma^2}} \quad (t > 0)$$

分别取 $n=2$ 和 $n=3$ 得到 $\eta=\sqrt{\xi_1^2+\xi_2^2}$ 和 $\eta=\sqrt{\xi_1^2+\xi_2^2+\xi_3^2}$ 的密度函数，分别为

$$f_{\eta_1}(t) = \frac{2\pi^{\frac{2}{2}}}{(2\pi\sigma^2)^{\frac{2}{2}}\Gamma\left(\dfrac{2}{2}\right)} t^{2-1} e^{\frac{-(t^2)}{2\sigma^2}} = \frac{1}{\sigma^2} t^1 e^{\frac{-(t^2)}{2\sigma^2}} \quad (t>0)$$

$$f_{\eta_1}(t) = \frac{2\pi^{\frac{3}{2}}}{(2\pi\sigma^2)^{\frac{3}{2}}\Gamma\left(\dfrac{3}{2}\right)} t^{3-1} e^{\frac{-(t^2)}{2\sigma^2}} = \frac{\sqrt{2}}{\sigma^2\sqrt{\sigma^2\pi}} t^2 e^{\frac{-(t^2)}{2\sigma^2}} \quad (t>0)$$

即为上述所求结果。

第5章 大数定律与中心极限定理

🖊 **1.** 设每颗炮弹命中目标的概率为 0.01，求 500 发炮弹中命中 5 发的概率。

解：方法一： 设 X 表示命中的炮弹数，则 $X \sim B(500, 0.01)$

运用二项分布，则

$$P(X = 5) = C_{500}^5 \times 0.01^5 \times 0.99^{495} = 0.176\,35$$

方法二： 由棣莫弗–拉普拉斯定理得

$$P(X = 5) = P(4.5 < X < 5.5) \approx P\left(\frac{4.5 - 500 \times 0.01}{\sqrt{500 \times 0.01 \times 0.99}} \leqslant \frac{X - 500 \times 0.01}{\sqrt{500 \times 0.01 \times 0.99}} \leqslant \frac{5.5 - 500 \times 0.01}{\sqrt{500 \times 0.01 \times 0.99}} \right)$$

$$= \Phi\left(\frac{5.5 - 5}{\sqrt{4.95}} \right) - \Phi\left(\frac{4.5 - 5}{\sqrt{4.95}} \right)$$

$$= 0.174\,2$$

🖊 **2.** 用多种方法计算定积分

(1) $J_1 = \int_0^1 \dfrac{e^x - 1}{e - 1} dx$；

(2) $J_2 = \int_{-1}^1 e^x dx$。

解：方法一（正常积分）：

(1) $J_1 = \int_0^1 \dfrac{e^x - 1}{e - 1} dx = \dfrac{1}{e - 1} \int_0^1 (e^x - 1) dx = \dfrac{1}{e - 1} (e^x - x) \Big|_0^1 = \dfrac{e - 2}{e - 1}$

(2) $J_2 = 2 \int_0^1 e^{-1+2x} dx = e^{-1+2x} \Big|_0^1 = e - e^{-1}$

方法二（大数定律法）：

设 $\{X_n\} (n = 1, 2, 3, \cdots)$ 是独立同分布的随机变量序列，若 X_i 的数学期望存在，且 $E(X_n) = \mu$，则 $\{X_n\}$ 服从大数定理，即对任意的 $\varepsilon > 0$ 有

$$\lim_{n \to +\infty} P\left(\left| \frac{1}{n} \sum_{i=1}^n X_i - \mu \right| < \varepsilon \right) = 1$$

(1) 记 $f_1(x) = \dfrac{e^x - 1}{e - 1}$，$X \sim U(0, 1)$，$x_i (i = 1, 2, \cdots, n)$ 取自 X，由辛钦大数律可得

$$J_1 = \int_0^1 f_1(x) dx = E(f_1(x)) \approx \frac{1}{n} \sum_{i=1}^n f_1(x_i)$$

(2) 先将第二个积分化为 $[0, 1]$ 区间上的积分

$$J_2 = 2(e - e^{-1}) \int_0^1 \frac{e^{-1+2x} - e^{-1}}{e - e^{-1}} dx + 2e^{-1}$$

记 $f_2(x)=\dfrac{\mathrm{e}^{-1+2x}-\mathrm{e}^{-1}}{\mathrm{e}-\mathrm{e}^{-1}}$，则有 $0\leqslant f_2(x)\leqslant 1$，$X\sim U(0,1)$，$x_i(i=1,2,\cdots,n)$ 取自 X，记 $s=2(\mathrm{e}-\mathrm{e}^{-1})$，由辛钦大数定律可得

$$J_2=s\int_0^1 f_2(x)\mathrm{d}x+2\mathrm{e}^{-1}=sE(f_2(x))+2\mathrm{e}^{-1}\approx\frac{s}{n}\sum_{i=1}^n f_2(x_i)+2\mathrm{e}^{-1}$$

方法三（随机投点法）：

(1) 产生 n 个 $(0,1)$ 均匀分布的随机数 $x_i(i=1,2,\cdots,n)$ 和 n 个 $(0,1)$ 均匀分布的随机数 y_i，构成 n 个数对 (x_i,y_i)。由于 J_1 表示的是横坐标以及 $x=0,x=1,f_1(x)$ 围成的面积，记 n_1 表示满足不等式 $y_i\leqslant f_1(x_i)$ 的个数，那么可以求得

$$J_1\approx\frac{n_1}{n}$$

(2) 同理，J_2 可表示为 s 倍的横坐标以及 $x=0,x=1,f_2(x)$ 围成的面积加上 $2\mathrm{e}^{-1}$，记 n_2 表示满足不等式 $y_i\leqslant f_2(x_i)$ 的个数，那么可以求得

$$J_2\approx s\frac{n_2}{n}+2\mathrm{e}^{-1}$$

✎ 3. 一艘船舶在航海区航行，已知每遭受一次海浪的冲击，纵摇角大于 $3°$ 的概率是 $1/3$，若船舶遭受了 $90\,000$ 次波浪冲击，问其中有 $29\,500\sim30\,500$ 次纵摇角大于 $3°$ 的概率是多少？

解：方法一（利用二项分布求解）：

将每遭受一次海浪冲击看做一次试验，且每次试验是独立的，在 $90\,000$ 次波浪冲击中，纵摇角大于 $3°$ 的次数为 X，X 是一个随机变量，则 $X\sim B\left(90\,000,\dfrac{1}{3}\right)$。

那么，分布律可表示为

$$P(X=k)=\mathrm{C}_{90\,000}^k\left(\frac{1}{3}\right)^k\left(\frac{2}{3}\right)^{90\,000-k},\quad k=1,2,\cdots,90\,000$$

所以所求概率为

$$P\{29\,500\leqslant X\leqslant 30\,500\}=\sum_{29\,501}^{30\,500}\mathrm{C}_{90\,000}^k\left(\frac{1}{3}\right)^k\left(\frac{2}{3}\right)^{90\,000-k}$$

方法二（中心极限定理法）：

棣莫弗-拉普拉斯定理：设 n_A 是 n 次伯努利试验中事件 A 出现的次数，p 是事件 A 在每次试验中出现的概率 $(0\leqslant p\leqslant 1)$，则对任意实数 x 有

$$\lim_{n\to+\infty}P\left[\frac{n_A-np}{\sqrt{np(1-p)}}\leqslant x\right]=\Phi(x)=\frac{1}{\sqrt{2\pi}}\int_{-\infty}^x \mathrm{e}^{\frac{-t^2}{2}}\mathrm{d}t$$

因此，我们也可以运用棣莫弗-拉普拉斯定理求解：

$$P\{29\,500\leqslant X\leqslant 30\,500\}=P\left\{\frac{29\,500-np}{\sqrt{np(1-p)}}\leqslant\frac{X-np}{\sqrt{np(1-p)}}\leqslant\frac{30\,500-np}{\sqrt{np(1-p)}}\right\}$$

$$=\Phi\left(\frac{30\,500-np}{\sqrt{np(1-p)}}\right)-\Phi\left(\frac{29\,500-np}{\sqrt{np(1-p)}}\right)$$

由于 $n = 90\,000, p = \dfrac{1}{3}$

$$P\{29\,500 \leqslant X \leqslant 30\,500\} = \Phi\left(\frac{5\sqrt{2}}{2}\right) - \Phi\left(-\frac{5\sqrt{2}}{2}\right) = 2\Phi\left(\frac{5\sqrt{2}}{2}\right) - 1 = 0.999\,5$$

4. 分别确定投掷一均匀硬币的次数，使得"正面向上"的频率在 0.4 和 0.6 之间的概率不少于 0.9。

解：方法一：

这里根据独立同分布的中心极限定理，设 X 表示投掷一枚均匀硬币 n 次"正面向上"的次数

$$X \sim B(n, 0.5) \Rightarrow E(X) = np = 0.5n; \quad D(X) = np(1-p) = 0.25n$$

$$P\left(0.4 < \frac{X}{n} < 0.6\right) = P\left(\frac{0.4n - 0.5n}{\sqrt{0.25n}} < \frac{X - 0.5n}{\sqrt{0.25n}} < \frac{0.6n - 0.5n}{\sqrt{0.25n}}\right)$$

$$= P\left(-0.2\sqrt{n} < \frac{X - 0.5n}{\sqrt{0.25n}} < 0.2\sqrt{n}\right)$$

$$= \Phi(0.2\sqrt{n}) - \Phi(-0.2\sqrt{n}) = 2\Phi(0.2\sqrt{n}) - 1$$

$$2\Phi(0.2\sqrt{n}) - 1 \geqslant 0.9 \Rightarrow 0.2\sqrt{n} \geqslant 1.65 \Rightarrow n \geqslant 67.5 \Rightarrow n \geqslant 68$$

方法二： 利用切比雪夫不等式，同理，设 X 表示投掷一枚均匀硬币 n 次"正面向上"的次数

$$X \sim B(n, 0.5) \Rightarrow E(X) = np = 0.5n; \quad D(X) = np(1-p) = 0.25n$$

$$P\left(0.4 < \frac{X}{n} < 0.6\right) = P(0.4n < X < 0.6n)$$

$$= P(0.4n - 0.5n < X - 0.5n < 0.6n - 0.5n)$$

$$= P(|X - 0.5n| < 0.1n) \geqslant 1 - \frac{0.25n}{(0.1n)^2} = 1 - \frac{0.25n}{0.01n^2} = 1 - \frac{25}{n}$$

$$\Rightarrow 1 - \frac{25}{n} \geqslant 0.9 \Rightarrow n \geqslant 250$$

5. 试估算圆周率 π。

方法一（利用欧拉恒等式）

欧拉恒等式：$e^{i\pi} + 1 = 0$

$$\therefore \pi = \frac{\ln(-1)}{i} = \frac{\ln(i^2)}{i} = \frac{2\ln(i)}{i} \qquad (*)$$

再根据 $\ln(1+x)$ 的泰勒展开式：$\ln(1+x) = x - \dfrac{1}{2}x^2 + \dfrac{1}{3}x^3 - \dfrac{1}{4}x^4 + \dfrac{1}{5}x^5 - \cdots$

对上述级数自变量取复数单位 ±i，有

$$\ln(1+i) = i + \frac{1}{2} - \frac{1}{3}i - \frac{1}{4} + \frac{1}{5}i - \cdots$$

$$\ln(1-i) = -i + \frac{1}{2} + \frac{1}{3}i - \frac{1}{4} - \frac{1}{5}i - \cdots$$

两式相减得：$\ln(1+i)-\ln(1-i)=\ln\dfrac{1+i}{1-i}=\ln(i)=2i\left(1-\dfrac{1}{3}+\dfrac{1}{5}-\dfrac{1}{7}+\dfrac{1}{9}-\cdots\right)$

由式（∗）可知：$\pi=\left(1-\dfrac{1}{3}+\dfrac{1}{5}-\dfrac{1}{7}+\dfrac{1}{9}-\cdots\right)\times4$

方法二（割圆法）：

对于一个半径为 R 的圆，可在其内部做内接正 n 边形，当 n 足够大时，正 n 边形的周长可近似看作圆的周长，再利用圆的周长公式 $C=2\pi R$ 反解出 $\pi=C/(2R)$。

根据图 5-1，利用三角形内部的角度关系可知：

$$C=n\times2R\sin\left(\dfrac{180°}{n}\right)$$

$\therefore\quad\pi=n\sin\left(\dfrac{180°}{n}\right)$

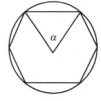

当 n 取 10 000 时，R 语言输出结果为 "[1] 3.141593"。

图 5-1

方法三（蒲丰投针法）：平面上画有一组间距为 d 的平行线，现向此平面任意投掷一根长为 l 的针（为方便计算，不妨取 $l<d$）。

投针试验的所有可能结果可以表示为一个矩形区域：

$$S=\left\{(x,\varphi)\ \middle|\ 0\leqslant x\leqslant\dfrac{d}{2},0\leqslant\varphi\leqslant\pi\right\}$$

所关心的事件为针是否与某条直线相交，该事件发生的充要条件为 S 中的点满足：$0\leqslant x\leqslant\dfrac{l}{2}\sin\varphi,0\leqslant\varphi\leqslant\pi$。

所以针与平行线相交的概率为

$$P=\dfrac{\displaystyle\int_0^\pi\dfrac{l}{2}\sin\varphi\,\mathrm{d}\varphi}{\dfrac{d}{2}\times\pi}=\dfrac{2l}{\pi d}\qquad(\ast)$$

接下来，利用 R 语言模拟蒲丰投针的过程：进行 n 次投针模拟，记录相交次数 m，算出频率 m/n。根据大数定律，随着 $n\to\infty$，频率 $m/n\to P$，这是概率的一个合理估计。最后利用式（∗），反解出圆周率 π。

6. 一个复杂系统由 100 个相互独立工作的部件组成，每个部件正常工作的概率为 0.9，已知整个系统中至少有 85 个部件正常工作，系统才能正常工作，求系统正常工作的概率。

解：方法一（中心极限定理）：

设 Y 为 100 个部件中正常工作的部件数，由题意有，$Y\sim B(100,0.9)$。

已知，伯努利分布的分布列为

X	1	0
p	p	$1-p$

可计算得
$$E(X)=1p+0(1-p)=p$$
$$V(X)=(0-E(X))^2(1-p)+(1-E(X))^2p=p^2(1-p)+(1-p)^2p$$
$$=p^2-p^3+p^3-2p^2+p=p-p^2=p(1-p)$$

由独立变量期望和方差的可加性可知，$E(Y)=np=100\times0.9=90$

$$V(Y)=np(1-p)=100\times0.9\times(1-0.9)=9$$

由中心极限定理

$$P(Y\geqslant85)=1-P(Y<85)=1-P\left(\frac{Y-0.5-EY}{\sqrt{V(Y)}}\leqslant\frac{85-0.5-EY}{\sqrt{V(Y)}}\right)$$

$$\approx1-\Phi\left(\frac{85-0.5-EY}{\sqrt{V(Y)}}\right)=1-\Phi\left(\frac{85-0.5-90}{3}\right)=1-\Phi\left(-\frac{11}{6}\right)=\Phi(1.83)=0.9664$$

则系统正常工作的概率为 0.9664。

运用中心极限定理时，也可设定 $X_i=\begin{cases}1, & \text{部件 } i \text{ 正常工作}\\0, & \text{部件 } i \text{ 非正常工作}\end{cases}$

则 X_i 服从成功率为 0.9 的两点分布。

由中心极限定理，所求概率为

$$P\left(\sum_{i=1}^{100}X_i\geqslant85\right)=1-P\left(\sum_{i=1}^{100}X_i<85\right)$$

$$=1-P\left(\frac{\sum_{i=1}^{100}X_i-0.5-\sum_{i=1}^{100}E(X_i)}{\sqrt{V\left(\sum_{i=1}^{100}X_i\right)}}\leqslant\frac{85-0.5-100\times0.9}{\sqrt{100\times0.9\times0.1}}\right)$$

方法二（用二项分布直接进行计算）：

设 Y 为 100 个部件中正常工作的部件数，由题意，$Y\sim B(100,0.9)$

$$P(Y\geqslant85)=\sum_{i=85}^{100}C_{100}^i0.9^i(1-0.9)^{100-i}=0.9601$$

计算得到系统正常工作的精确概率为 0.9601，可以看到，用中心极限定理进行估计，误差为 0.66%，也可以由此判断此估计较为准确。

方法三（用泊松分布近似二项分布）：

$$P(Y=k)=C_n^kp^k(1-p)^{n-k}=\frac{n!}{k!(n-k)!}p^k(1-p)^{n-k}=\frac{n(n-1)\cdots(n-k+1)}{k!}p^k(1-p)^{n-k}$$

当 n 很大，p 很小时，由极限的概念可知：

$$\lim_{n\to\infty}\frac{n(n-1)\cdots(n-k+1)p^k}{k!}(1-p)^{-1/p[-p(n-k)]}=\lim_{n\to\infty}\frac{(np)^k}{k!}e^{-(n-k)p}=\frac{\lambda^k}{k!}e^{-\lambda}$$

其中，$\lim_{n\to\infty}np=\lambda$。

因此，当 n 很大，p 很小时，二项分布可近似视为泊松分布。

设 Y' 为 100 个部件中非正常工作的部件数，由题意，$Y'\sim B(100,0.1)$。

已知整个系统中至少有 85 个部件正常工作，系统才能正常工作，即整个系统中最多 15 个部件非正常工作时，系统才能正常工作。

所求概率为

$$P(Y' \leqslant 15) \approx \sum_{i=0}^{15} \frac{np^i}{i!} \mathrm{e}^{-np} = \sum_{i=0}^{15} \frac{10^i}{i!} \mathrm{e}^{-10} = 0.951\,3$$

计算得到系统正常工作的概率为 $0.951\,3$，可以看到，用泊松分布进行估计时的误差为 0.92%，也可以由此判断此估计较为准确。

但此时，倘若我们假设题设条件为，$Y' \sim \mathrm{B}(100, 0.05)$，即减小 p 值，则

$$P(Y' \leqslant 15) \approx \sum_{i=0}^{15} \frac{np^i}{i!} \mathrm{e}^{-np} = \sum_{i=0}^{15} \frac{1^i}{i!} \mathrm{e}^{-1} = 0.999\,931$$

而这种条件下，精确解为

$$P(Y \geqslant 85) = \sum_{i=85}^{100} \mathrm{C}_{100}^{i} 0.95^i (1-0.95)^{100-i} = 0.999\,962\,9$$

误差为 0.03%，可以看到，当 n 足够大且 p 足够小时，这种近似更加精确。

> ✐ 7. 某药厂生产的某种药品声称对某疾病的治愈率为80%。现为了检验此治愈率，任意抽取 100 个此种病患者进行临床试验，如果有至少 75 人治愈，则此药通过检验。试在此药实际治愈率为80%的情况下，计算此药通过检验的可能性。

解：方法一：

至少75人治愈则药品通过检验，意味着在抽取出的 100 名患者中，有 75，76，77，…，100 人治愈时均为药品通过检验。

设 X 为 100 个患者中的治愈人数，X 服 $n = 100$，$p = 0.8$ 的伯努利分布，即 $X \sim \mathrm{B}(100, 0.8)$，此处的 0.8 为药品实际治愈率。

则可列式如下：

$$\begin{aligned} P(X \geqslant 75) &= \mathrm{C}_{100}^{75} \times 0.8^{75} \times 0.2^{25} + \mathrm{C}_{100}^{76} \times 0.8^{76} \times 0.2^{24} + \cdots + \mathrm{C}_{100}^{100} \times 0.8^{100} \\ &= \sum_{i=75}^{100} (\mathrm{C}_{100}^{i} \times 0.8^i \times 0.2^{100-i}) \end{aligned}$$

由于数字过于庞大，手算基本无法得出结果，在使用计算器的时候由于数字过于庞大也超出了计算器的运算范围。我们用 R 语言编写程序求解得到 $p = 0.912\,524\,6$，由此可得出结论：在实际治愈率为80%的情况下，此药通过检验的可能性约为 91.25%。

方法二：利用切比雪夫不等式来计算药物通过检验的可能性区间。

切比雪夫不等式：$P(|X - E(X)| < \varepsilon) \geqslant 1 - \dfrac{D(X)}{\varepsilon^2}$

因为 $X \sim \mathrm{B}(100, 0.8)$，所以 $E(X) = 100 \times 0.8 = 80$，$D(X) = 100 \times 0.8 \times 0.2 = 16$。但是使用切比雪夫不等式时，$|X_{\min} - E(X)| = \varepsilon_1 = |X_{\max} - E(X)| = \varepsilon_2$。当 $X_{\min} = 75$，$X_{\max} = 100$ 时，$\varepsilon_1 = 5 \neq \varepsilon_2 = 20$。若使 $\varepsilon_1 = \varepsilon_2 = 12.5$，则 $E(X) = 87.5$。所以做以下处理：

① 计算分别取 $\varepsilon = \varepsilon_1 = 5$ 和 $\varepsilon = \varepsilon_2 = 20$ 时，区间 $[75, 85]$ 和 $[60, 100]$ 的概率下界（概率上界均为1）：

$$P(|X - 80| < 5) \geqslant 1 - \frac{16}{5^2} = 0.36 = p_{11}$$

$$P(|X-80|<20) \geqslant 1-\frac{16}{20^2}=0.96=p_{12}$$

由此可得 $[75,100]$ 的概率下界 $p_0 \in (0.36,0.96)$，$P(X \geqslant 75) \in (p_0,1)$。

② 假设实际治愈率为 87.5%，则此时恰好有 $\varepsilon = \varepsilon_1 = \varepsilon_2 = 12.5$，$E(X_2)=100 \times 0.875 = 87.5$，$D(X_2)=100 \times 0.875 \times 0.125 = 10.9375$，此时 $[75,100]$ 的概率下界为

$$P(|X-87.5|<12.5) \geqslant 1-\frac{10.9375}{12.5^2}=0.93=p_2$$

显然，当实际治愈率为 87.5% 时相比 80% 更容易通过检验，所以 $p_0<p_2=0.93$。由此可将 $[75,100]$ 的概率下界区间缩小为 $p_0 \in (0.36,0.93)$，$P(X \geqslant 75) \in (p_0,1)$。

③ 在 $E(X)=80$ 时取 $\varepsilon = \varepsilon_1 = \varepsilon_2 = 12.5$，计算区间 $[67.5,92.5]$ 的概率下界：

$$P(|X-80|<12.5) \geqslant 1-\frac{16}{12.5^2}=0.8976=p_3$$

相比有 75~100 人治愈则药品通过检验的标准，有 67.5~92.5 人治愈则药品通过检验的标准更容易满足，故区间 $[67.5,92.5]$ 的概率下界 p_3 高于区间 $[75,100]$ 的概率下界 p_0。由此可将 $[75,100]$ 的概率下界区间缩小为 $p_0 \in (0.36,0.8976)$，$P(X \geqslant 75) \in (p_0,1)$。

由于已经想不出更多方法缩小概率下界区间，所以此问的最终结果为

$$P(X \geqslant 75) \in (p_0,1),p_0 \in (0.36,0.8976)$$

结果并不精确，只能做大概参考。

方法三：利用中心极限定理来计算药物通过检验的可能性区间。

在方法一中我们已经计算得到 $X \sim B(100,0.8)$，$E(X)=80, Var(X)=D(X)=16$。由于 X 服从二项分布，所以可以利用棣莫弗-拉普拉斯中心极限定理来计算。

棣莫弗-拉普拉斯中心极限定理：

$$P(S_n=k)=P(k-0.5<S_n<k+0.5)=P\left(\frac{k-0.5-np}{\sqrt{npq}}<S_n<\frac{k+0.5-np}{\sqrt{npq}}\right)$$

这里 "$k \pm 0.5$" 是因为如果 k 为整数，则一般先作修正再用正态近似，可以提高精度，减小误差，$q=1-p$。

因此列式计算如下：

$$P(X \geqslant 75)=P\left(\frac{X-0.5-80}{4} \geqslant \frac{75-0.5-80}{4}\right) \approx 1-\Phi\left(\frac{75-0.5-80}{4}\right)$$

$$=1-\Phi\left(-\frac{5.5}{4}\right)=\Phi(1.375)$$

$$P(X \geqslant 75)=\Phi(1.375)=0.9154343$$

由此可得出结论：在实际治愈率为 80% 的情况下，此药通过检验的可能性约为 91.54%。

---

8. 已知 $G_n = \left\{(x_1,x_2,\cdots,x_n): x_1^2+x_2^2+\cdots x_n^2 \leqslant \frac{1}{4}, -\frac{1}{2} \leqslant x_1,x_2,\cdots,x_n \leqslant \frac{1}{2}\right\}$，求下列极限问题 $\lim\limits_{n \to \infty} \int_{G_n} \cdots \int dx_1 \cdots dx_n$。

解：方法一（利用大数定律）：

假设随机变量 $X_i(i=1,2,\cdots)$，相互独立且同为 $\left[-\dfrac{1}{2},\dfrac{1}{2}\right]$ 上均匀分布，则

$$E(X_i)=0,E(X_i^2)=\frac{1}{12}$$

易见 $\displaystyle\int\cdots_{G_n}\!\!\int\mathrm{d}x_1\cdots\mathrm{d}x_n=P\{(X_1,X_2,\cdots,X_n)\in G_n\}=P\left(0\leqslant X_1^2+X_2^2+\cdots+X_n^2\leqslant\frac{1}{4}\right)$

$$=P\left(0\leqslant\frac{1}{n}(X_1^2+X_2^2+\cdots+X_n^2)\leqslant\frac{1}{4n}\right)$$

$$=P\left(-\frac{1}{12}\leqslant\frac{1}{n}(X_1^2+X_2^2+\cdots+X_n^2)-E(X_i^2)\leqslant\frac{1}{4n}-\frac{1}{12}\right)$$

$$=P\left(\frac{1}{12}-\frac{1}{4n}<\left|\frac{1}{n}\sum_{i=1}^{n}X_i^2-E(X_i^2)\right|<\frac{1}{12}\right)$$

$$\leqslant P\left(\left|\frac{1}{n}\sum_{i=1}^{n}X_i^2-E(X_i^2)\right|>\frac{1}{13}\right)$$

（当 n 充分大时，最后一不等式成立）

由 $X_1,X_2,\cdots,X_n$ 独立同分布，可见 $X_1^2,X_2^2,\cdots,X_n^2$ 独立同分布。根据辛钦大数定律知

$$\lim_{n\to\infty}P\left(\left|\frac{1}{n}\sum_{i=1}^{n}X_i^2-E(X_i^2)\right|>\frac{1}{13}\right)=0$$

从而

$$\lim_{n\to\infty}\int\cdots_{G_n}\!\!\int\mathrm{d}x_1\cdots\mathrm{d}x_n=0$$

方法二（超球极坐标下的积分方法）：

该问题本质上是求一个 n 维"球"的"体积"，在二维图形中该问题又转化为求中心在原点，半径为 1/2 的圆的面积。在二维空间中我们可以用极坐标，三维空间时我们可以用球坐标。同理我们可以将这种思想转化到 n 维空间。

我们可以设 n 维球的半径为 R，在 n 维空间下运用极坐标变换和雅可比行列式：

$$\begin{cases}x_1=r\cos\theta_1\\x_2=r\sin\theta_1\cos\theta_2\\\quad\quad\vdots\\x_{n-1}=r\sin\theta_1\cdots\sin\theta_{n-2}\cos\theta_{n-1}\\x_n=r\sin\theta_1\cdots\sin\theta_{n-2}\sin\theta_{n-1}\end{cases}$$

$$J=\begin{vmatrix}\dfrac{\partial x_1}{\partial r}&\dfrac{\partial x_1}{\partial\theta_1}&\cdots&\dfrac{\partial x_1}{\partial\theta_{n-1}}\\\dfrac{\partial x_2}{\partial r}&\dfrac{\partial x_2}{\partial\theta_1}&\cdots&\dfrac{\partial x_2}{\partial\theta_{n-1}}\\\vdots&\vdots&&\vdots\\\dfrac{\partial x_n}{\partial r}&\dfrac{\partial x_n}{\partial\theta_1}&\cdots&\dfrac{\partial x_n}{\partial\theta_{n-1}}\end{vmatrix}=r^{n-1}\sin^{n-2}\theta_1\ \sin^{n-3}\theta_2\cdots\sin\theta_{n-2}$$

从而

$$V = \int \cdots \int_{G_n} dx_1 \cdots dx_n = \left(\int_0^\pi \sin^{n-2}\theta_1 d\theta_1 \right) \cdots \left(\int_0^\pi \sin\theta_{n-2} d\theta_{n-2} \right) \left(\int_0^{2\pi} d\theta_{n-1} \right) \left(\int_0^R r^{n-1} dr \right)$$

$$= \frac{2\pi R^n}{n} I_{n-2} \cdots I_1$$

其中 $I_n = \int_0^\pi \sin^n\theta d\theta = \begin{cases} \dfrac{(n-1)!!}{n!!} I_0, & n \text{ 为偶数} \\ \dfrac{(n-1)!!}{n!!} I_1, & n \text{ 为奇数} \end{cases}$ $(I_0 = \pi, I_1 = 2)$

考虑到 $I_n I_{n-1} = \dfrac{2\pi}{n}$，利用这个性质，可以得到

$$V(n) = \begin{cases} \dfrac{R^n \pi^{\frac{n}{2}}}{(n/2)!}, & n \text{ 为偶数} \\ \dfrac{R^n \pi^{\frac{n-1}{2}}}{(n/2)(n/2-1)\cdots(1/2)}, & n \text{ 为奇数} \end{cases} = \dfrac{(\pi R^2)^{\frac{n}{2}}}{\Gamma\left(\dfrac{n}{2}+1\right)}$$

因此得到半径为 R 的 n 维球的体积公式，通过这个公式可以更清楚地看到半径给定时 n 维球体积随维度的变化情况。公式的分子为指数函数，分母为阶乘的形式，所以对 $\forall R > 0$，一定有

$$\lim_{n \to \infty} V(n) = 0$$

第6章 统计量及其分布

---

1. 设总体 X 服从指数分布 $\mathrm{Exp}(\lambda)$，其中 $\lambda > 0$，从总体中抽取数量为 N 的样本$(X_1, X_2, \cdots, X_N)$，试问统计量 $2N\lambda \overline{X}$ 服从什么分布？

解：方法一：

首先考察 $Y = 2\lambda X$ 的概率密度函数。由于 $y = 2\lambda x$ 是关于 x 的严格单调函数，其反函数为 $x = \dfrac{1}{2\lambda} y$，下面可以用公式法求得 Y 的概率密度：

$$f(y) = \begin{cases} \lambda \mathrm{e}^{-\lambda\left(\frac{y}{2\lambda}\right)} \times \left| \dfrac{1}{2\lambda} \right|, & y > 0 \\ 0, & y \leqslant 0 \end{cases} = \begin{cases} \dfrac{1}{2} \mathrm{e}^{-\frac{y}{2}}, & y > 0 \\ 0, & y \leqslant 0 \end{cases}$$

此时 Y 刚好服从 $\chi^2(2)$。

又由于 $2N\lambda \overline{X} = 2\lambda X_1 + \cdots + 2\lambda X_N$，且卡方分布具有可加性，则 $2N\lambda \overline{X} \sim \chi^2(2N)$ 成立。

方法二： 如果 $X_i \sim \mathrm{Exp}(\lambda), i = 1, 2, \cdots, N$，且相互独立，则根据统计量的性质，可以得到 $X_1 + \cdots + X_N \sim \mathrm{Ga}\left(N, \dfrac{1}{\lambda}\right)$，其概率密度函数为

$$f(x) = \begin{cases} \dfrac{1}{\beta^\alpha \Gamma(\alpha)} x^{\alpha-1} \mathrm{e}^{-\frac{x}{\beta}}, & x > 0 \\ 0, & x \leqslant 0 \end{cases} = \begin{cases} \dfrac{\lambda^N}{(N-1)!} x^{N-1} \mathrm{e}^{-\lambda x}, & x > 0 \\ 0, & x \leqslant 0 \end{cases}$$

而 $Y = 2N\lambda \overline{X} = 2\lambda(X_1 + \cdots + X_N)$，可令 $Z = X_1 + \cdots + X_N$，则 $Y = 2\lambda Z$，类似方法一，可以根据公式法得到 Y 的概率密度函数，如下所示：

$$f(y) = \begin{cases} \dfrac{\lambda^N}{(N-1)!} \left(\dfrac{y}{2\lambda}\right)^{N-1} \mathrm{e}^{-\lambda\left(\frac{y}{2\lambda}\right)} \times \left| \dfrac{1}{2\lambda} \right|, & y > 0 \\ 0, & y \leqslant 0 \end{cases} = \begin{cases} \dfrac{y^{N-1}}{2^N(N-1)!} \mathrm{e}^{-\frac{y}{2}}, & y > 0 \\ 0, & y \leqslant 0 \end{cases}$$

这正是 $\chi^2(2N)$ 的概率密度函数，故 $2N\lambda \overline{X} \sim \chi^2(2N)$ 成立。

---

2. (1) 设 $x_{(1)}$ 和 $x_{(n)}$ 分别为容量 n 的样本的最小和最大次序统计量，证明极差的 $R_n = x_{(n)} - x_{(1)}$ 的分布函数为

$$F_{R_n}(x) = n \int_{-\infty}^{\infty} \left[F(y+x) - F(y) \right]^{n-1} f(y) \, \mathrm{d}y, \quad x > 0$$

其中 $F(y)$ 与 $f(y)$ 分别为总体的分布函数和密度函数。

(2) 利用 (1) 的结论，求总体为指数分布 $\mathrm{Exp}(\lambda)$ 时，样本极差 R_n 的密度函数。

解：（1）**方法一**（增补变量法）：

$(x_{(1)}, x_{(n)})$ 的联合密度函数为

$$f_{1n}(y,z) = \frac{n!}{(n-2)!} [F(z) - F(y)]^{n-2} f(y) f(z) I_{y<z}$$

$$= n(n-1) [F(z) - F(y)]^{n-2} f(y) f(z) I_{y<z}$$

对于函数 $R_n = x_{(n)} - x_{(1)}$，增补变量 $W = X_{(1)}$，$\begin{cases} w = y \\ r = z - y \end{cases}$，反函数为 $\begin{cases} y = w \\ z = w + r \end{cases}$，

其雅可比行列式为

$$J = \begin{vmatrix} 1 & 0 \\ 1 & 1 \end{vmatrix} = 1$$

则 R_n 的密度函数为

$$f_{R_n}(r) = \int_{-\infty}^{\infty} n(n-1) [F(w+r) - F(w)]^{n-2} f(w) f(w+r) I_{r>0} \mathrm{d}w$$

故 $R_n = x_{(n)} - x_{(1)}$ 的分布函数为

$$F_{R_n}(x) = \int_{-\infty}^{x} f_{R_n}(r) \mathrm{d}r = \int_{-\infty}^{x} \mathrm{d}r \int_{-\infty}^{\infty} n(n-1) [F(w+r) - F(w)]^{n-2} f(w) f(w+r) I_{r>0} \mathrm{d}w$$

$$= \int_{-\infty}^{\infty} n(n-1) f(w) \mathrm{d}w \int_{0}^{x} [F(w+r) - F(w)]^{n-2} f(w+r) \mathrm{d}r$$

$$= \int_{-\infty}^{\infty} n(n-1) f(w) \mathrm{d}w \int_{0}^{x} [F(w+r) - F(w)]^{n-2} \mathrm{d}F(w+r)$$

$$= \int_{-\infty}^{\infty} n(n-1) f(w) \mathrm{d}w \cdot \frac{1}{n-1} [F(w+r) - F(w)]^{n-1} \Big|_{0}^{x}$$

$$= n \int_{-\infty}^{\infty} [F(w+x) - F(w)]^{n-1} f(w) \mathrm{d}w$$

$$= n \int_{-\infty}^{\infty} [F(y+x) - F(y)]^{n-1} f(y) \mathrm{d}y \quad (x > 0)$$

结论得证。

方法二（分布函数法）：

因 $(x_{(1)}, x_{(n)})$ 的联合密度函数为

$$f_{1n}(y,z) = \frac{n!}{(n-2)!} [F(z) - F(y)]^{n-2} f(y) f(z) I_{y<z}$$

$$= n(n-1) [F(z) - F(y)]^{n-2} f(y) f(z) I_{y<z}$$

故 $R_n = x_{(n)} - x_{(1)}$ 的分布函数为

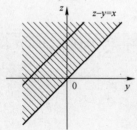

$$F_{R_n}(x) = P\{R_n = X_{(n)} - X_{(1)} \leqslant x\} = \int_{-\infty}^{\infty} \mathrm{d}y \int_{y}^{y+x} f_{1n}(y,z) \mathrm{d}z$$

$$= n(n-1) \int_{-\infty}^{\infty} \mathrm{d}y \int_{y}^{y+x} [F(z) - F(y)]^{n-2} f(y) f(z) \mathrm{d}z$$

$$= n(n-1) \int_{-\infty}^{\infty} \mathrm{d}y \cdot f(y) \int_{y}^{y+x} [F(z) - F(y)]^{n-2} \mathrm{d}[F(z)]$$

$$= n(n-1) \int_{-\infty}^{\infty} \mathrm{d}y \cdot f(y) \cdot \frac{1}{n-1} [F(z) - F(y)]^{n-1} \Big|_{y}^{y+x}$$

$$= n \int_{-\infty}^{\infty} \left[F(y+x) - F(y) \right]^{n-1} f(y) \mathrm{d}y \, (x>0)$$

结论得证。

（2）因指数分布 $\mathrm{Exp}(\lambda)$ 的密度函数和分布函数分别为

$$f(x) = \begin{cases} \lambda \mathrm{e}^{-\lambda x}, & x>0 \\ 0, & x \leqslant 0 \end{cases} ; F(x) = \begin{cases} 1-\mathrm{e}^{-\lambda x}, & x>0 \\ 0, & x \leqslant 0 \end{cases}$$

故 $R_n = x_{(n)} - x_{(1)}$ 的分布函数为

$$\begin{aligned} F_{R_n}(x) &= n \int_{-\infty}^{\infty} \left[F(y+x) - F(y) \right]^{n-1} f(y) \mathrm{d}y \\ &= n \int_0^{\infty} \left[(1-\mathrm{e}^{-\lambda(y+x)}) - (1-\mathrm{e}^{-\lambda y}) \right]^{n-1} \cdot \lambda \mathrm{e}^{-\lambda y} \mathrm{d}y \\ &= n \int_0^{\infty} (\mathrm{e}^{-\lambda y})^{n-1} (1-\mathrm{e}^{-\lambda x})^{n-1} \cdot (-1) \mathrm{d}\mathrm{e}^{-\lambda y} \\ &= n (1-\mathrm{e}^{-\lambda x})^{n-1} \cdot \left(-\frac{1}{n} \right) (\mathrm{e}^{-\lambda y})^n \Big|_0^{\infty} \\ &= (1-\mathrm{e}^{-\lambda x})^{n-1} \, (x>0) \end{aligned}$$

进一步可以得到 $R_n = x_{(n)} - x_{(1)}$ 的密度函数为

$$\begin{aligned} f_{R_n}(x) &= F_{R_n}'(x) = (n-1)(1-\mathrm{e}^{-\lambda x})^{n-2}(1-\mathrm{e}^{-\lambda x})' \\ &= \lambda(n-1)\mathrm{e}^{-\lambda x}(1-\mathrm{e}^{-\lambda x})^{n-2} \, (x>0) \end{aligned}$$

3. 设 $X_1, X_2, \cdots, X_n$ 是来自某连续总体的一个样本。该总体的分布函数 $F(x)$ 是连续严格递增的函数，证明：统计量 $T = -2 \sum_{i=1}^{n} \ln F(X_i)$ 服从 $\chi^2(2n)$。

证明：（1）已知 $F(x)$ 是连续严格递增的函数，设 $Y = F(X)$，现在探讨 Y 的分布：

$$P(Y \leqslant t)$$

当 $t \geqslant 1$ 时，$P(Y \leqslant t) = 1$。

当 $t \leqslant 0$ 时，$P(Y \leqslant t) = 0$。

当 $0 < t < 1$ 时，$P(Y \leqslant t) = P(F(X) \leqslant t) = P(X \leqslant F^{-1}(t)) = F(F^{-1}(t)) = t$。

$\therefore Y \sim U(0,1)$

（2）探讨 $-2\ln Y$ 的分布。

这是一个求连续随机变量函数的分布的问题，设 $Z = -2\ln Y$。

方法一：

$$\begin{aligned} F_Z(z) &= P(Z \leqslant z) = P(-2\ln Y \leqslant z) \\ &= P(-2\ln F(X) \leqslant z) = P(X \geqslant F^{-1}(\mathrm{e}^{-\frac{1}{2}z})) \\ &= 1 - F(F^{-1}(\mathrm{e}^{-\frac{1}{2}z})) = 1 - \mathrm{e}^{-\frac{1}{2}z} \, (z \geqslant 0) \end{aligned}$$

$\therefore Z \sim \mathrm{Exp}\left(\dfrac{1}{2} \right)$

方法二：

$$f_Z(z) = f_Y(e^{-\frac{1}{2}z}) \cdot \left| -\frac{1}{2}e^{-\frac{1}{2}z} \right| = \frac{1}{2}e^{-\frac{1}{2}z}(z \geq 0)$$

$$\therefore Z \sim \text{Exp}\left(\frac{1}{2}\right)$$

（3）求 T 的分布，

由伽马分布与指数分布的关系，$Z \sim \text{Exp}\left(\frac{1}{2}\right) \sim \text{Ga}\left(1, \frac{1}{2}\right)$

由伽马分布的可加性，$T = -2\sum_{i=1}^{n}\ln F(x_i) = \sum_{i=1}^{n}Z_i \sim \text{Ga}\left(n, \frac{1}{2}\right)$

又由卡方分布与伽马分布的关系 $\text{Ga}\left(\frac{n}{2}, \frac{1}{2}\right) = \chi^2(n)$，得

$$T \sim \text{Ga}\left(n, \frac{1}{2}\right) \sim \chi^2(2n)$$

证毕。

📝 4. 某厂检验保温瓶的保温性能，在瓶中灌满沸水，24 h 后测定其保温温度为 T，若已知 $T \sim N(62, 25)$，独立进行两次抽样测试，两次分别取 20 只和 12 只，那么两个样本平均值差的绝对值大于 1 的概率是多少？

解：方法一： 设 $\overline{T}_1$ 是容量为 20 的样本均值，$\overline{T}_2$ 是容量为 12 的样本均值，则

$$\overline{T}_1 \sim N\left(62, \frac{25}{20}\right), \overline{T}_2 \sim N\left(62, \frac{25}{12}\right)$$

$$\therefore \overline{T}_1 - \overline{T}_2 \sim N\left(62-62, \frac{25}{20}+\frac{25}{12}\right) = N\left(0, \frac{10}{3}\right)$$

所求概率为

$$P(|\overline{T}_1 - \overline{T}_2| > 1) = 1 - P\left(\frac{-1}{\sqrt{\frac{10}{3}}} < \frac{\overline{T}_1 - \overline{T}_2}{\sqrt{\frac{10}{3}}} < \frac{1}{\sqrt{\frac{10}{3}}}\right)$$

$$= 1 - P\left(-\sqrt{\frac{3}{10}} < \frac{\overline{T}_1 - \overline{T}_2}{\sqrt{\frac{10}{3}}} < \sqrt{\frac{3}{10}}\right)$$

$$= 1 - \left[\Phi\left(\sqrt{\frac{3}{10}}\right) - \Phi\left(-\sqrt{\frac{3}{10}}\right)\right]$$

$$= 2\left[1 - \Phi\left(\sqrt{\frac{3}{10}}\right)\right] = 2[1 - \Phi(0.548)]$$

$$= 2 \times (1 - 0.708\,8) = 0.582\,4$$

方法二： 选用 $\overline{T}_1 = \frac{1}{20}\sum_{i=1}^{20}T_{1i}, \overline{T}_2 = \frac{1}{12}\sum_{j=1}^{12}T_{2j}$

直接积分求解

$$P(\,|\,\overline{T}_1 - \overline{T}_2\,| > 1) = \oiint\limits_{\left|\frac{1}{20}\sum\limits_{i=1}^{20}T_{1i} - \frac{1}{12}\sum\limits_{j=1}^{12}T_{2j}\right| > 1} P(\,t_{11},t_{12}\cdots t_{1i},t_{21},t_{22}\cdots t_{2j})\,\mathrm{d}t_{11}\cdots\mathrm{d}t_{2j}$$

通过 R 语言可得解为 0.582。

5. 设随机变量 X 服从 $F(n,n)$，求证 $P(X<1)=0.5$

解：方法一：由题意可知，随机变量 X 服从自由度为 (n,n) 的 F 分布，则令

$$Y = \frac{1}{X}$$

有 $Y \sim F(n,n)$。所以

$$P(X<1) = P(Y<1) = P\left(\frac{1}{X}<1\right) = P(X>1)$$

又因为

$$P(X<1) + P(X>1) = 1$$

我们可以得到

$$P(X<1) = 0.5$$

方法二：$X_1 \sim \chi^2(n)$，$X_2 \sim \chi^2(n)$，根据 F 分布的定义有

$$X = \frac{X_1/n}{X_2/n} \sim F(n,n)$$

$$P(X<1) = P\left(\frac{X_1}{X_2}<1\right) = P(X_1<X_2)$$

X_1 与 X_2 是相互独立同分布的，所以有

$$P(X_1<X_2) = P(X_1>X_2) = 0.5$$

方法三：记事件 $A = \{$随机变量 X 的取值 $<1\}$

事件 $B = \{$随机变量 X 的取值 $\geq 1\}$

事件 A 和 B 是互斥的，有

$$P(A) + P(B) = 1$$

$$X = \frac{X_1/n}{X_2/n} \sim F(n,n)$$

$$P(A) = P(X<1) = P(X_1<X_2)$$

$$P(B) = P(X \geq 1) = P(X_1 \geq X_2)$$

X_1 与 X_2 是相互独立同分布的，所以 $X_1<X_2$ 与 $X_1 \geq X_2$ 的机会是均等的。

即

$$P(X_1<X_2) = P(X_1>X_2) = 0.5$$

方法四：

若

$$Y = \frac{Y_1/m}{Y_2/n} \sim F(m,n)$$

有 Y 的密度函数 $f(y)$：

$$f(y) = \frac{\Gamma\left(\dfrac{m+n}{2}\right)\left(\dfrac{m}{n}\right)^{m/2}}{\Gamma\left(\dfrac{m}{2}\right)\Gamma\left(\dfrac{n}{2}\right)} y^{\frac{m}{2}-1}\left(1+\frac{m}{n}y\right)^{-\frac{m+n}{2}}$$

$$X = \frac{X_1/n}{X_2/n} \sim F(n,n)$$

可以得到 $f(x)$：

$$f(y) = \frac{\Gamma(n)(1)^{n/2}}{\Gamma\left(\dfrac{n}{2}\right)\Gamma\left(\dfrac{n}{2}\right)} x^{\frac{n}{2}-1}(1+x)^{-n}$$

则

$$P(X < 1) = \int_0^1 \frac{\Gamma(n)(1)^{n/2}}{\Gamma\left(\dfrac{n}{2}\right)\Gamma\left(\dfrac{n}{2}\right)} x^{\frac{n}{2}-1}(1+x)^{-n}\mathrm{d}x$$

求解定积分得到结论。

第7章 参 数 估 计

📝 1. 罐中有 N 个硬币，其中 θ 个是普通硬币（掷出正面与反面的概率各为 0.5），其余的硬币两边都是正面，从罐中随机取出一个硬币，把它连续掷两次，记下结果，但不去查看它属于哪种硬币，如此重复 n 次，若掷出 0 次、1 次、2 次正面的次数分别为 n_0, n_1, n_2，利用参数估计的方法来估计 θ。

解： 设 X 为连掷两次正面出现的次数，$A=$ "取出的硬币为普通硬币"，则

$$P(X=0)=P(A)P(X=0\mid A)+P(\overline{A})P(X=0\mid\overline{A})=\frac{\theta}{N}\left(\frac{1}{2}\right)^2=\frac{\theta}{4N}$$

$$P(X=1)=P(A)P(X=1\mid A)+P(\overline{A})P(X=1\mid\overline{A})=\frac{\theta}{N}\cdot 2\cdot\left(\frac{1}{2}\right)^2=\frac{\theta}{2N}$$

$$P(X=2)=P(A)P(X=2\mid A)+P(\overline{A})P(X=2\mid\overline{A})=\frac{\theta}{N}\left(\frac{1}{2}\right)^2+\frac{N-\theta}{N}=\frac{4N-3\theta}{4N}$$

即 X 的分布为

X	0	1	2
P	$\dfrac{\theta}{4N}$	$\dfrac{\theta}{2N}$	$\dfrac{4N-3\theta}{4N}$

（1）矩法。

$$\overline{X}=\frac{\theta}{2N}+2\cdot\frac{4N-3\theta}{4N}=\frac{2N-\theta}{N}$$

解得

$$\theta=N(2-\overline{X})$$

所以 θ 的矩估计为

$$\hat{\theta}=N(2-\overline{X})=N\Big[2-\frac{1}{n}(n_1+2n_2)\Big]=\frac{N}{n}(2n-n_1-2n_2)=\frac{N}{n}(2n_0+n_1)$$

（2）极大似然法。

对数似然函数为

$$\ln L(\theta)=n_0\big[\ln\theta-\ln(4N)\big]+n_1\big[\ln\theta-\ln(2N)\big]+n_2\big[\ln(4N-3\theta)-\ln(4N)\big]$$

对参数求导得

$$\frac{\mathrm{d}(\ln L(\theta))}{\mathrm{d}\theta}=\frac{n_0}{\theta}+\frac{n_1}{\theta}-\frac{3n_2}{4N-3\theta}$$

令其为 0，解得

$$\frac{n_0+n_1}{\theta}=\frac{3n_2}{4N-3\theta}$$

所以极大似然估计为

$$\hat{\theta}=\frac{4N}{3n}(n_0+n_1)$$

2. 设总体服从参数为 θ 的瑞利分布，$f(x;\theta)=\dfrac{x}{\theta^2}e^{-\frac{x^2}{2\theta^2}}, x>0, \theta>0$。$x_1,x_2,\cdots,x_n$ 是样本。设一次实验中出现的样本值为 $(0.35,0.46,0.76,0.51,0.88)$。求 θ 的参数估计。

解：方法一（矩估计）：

$$\int_0^{+\infty} x\cdot\frac{x}{\theta^2}e^{-\frac{x^2}{2\theta^2}}dx=\int_0^{+\infty}-xd\left(e^{-\frac{x^2}{2\theta^2}}\right)=\left(-x\cdot e^{-\frac{x^2}{2\theta^2}}\right)\Bigg|_0^{+\infty}+\int_0^{+\infty}e^{-\frac{x^2}{2\theta^2}}dx$$

$$=\int_0^{+\infty}\sqrt{2}\theta e^{-\left(\frac{x}{\sqrt{2}\theta}\right)^2}d\frac{x}{\sqrt{2}\theta}=\sqrt{\frac{\pi}{2}}\theta=\bar{x}$$

所以参数 θ 的矩估计为 $\theta=\sqrt{\dfrac{2}{\pi}}\bar{x}\approx0.4723$。

方法二（极大似然估计）：

样本的极大似然函数为

$$L(\theta)=\prod_{i=1}^n\frac{x_i}{\theta^2}e^{-\frac{x_i^2}{2\theta^2}}$$

其对数似然函数为

$$\ln(L(\theta))=\sum_{i=1}^n\ln\left(\frac{x_i}{\theta^2}\right)+\sum_{i=1}^n-\frac{x_i^2}{2\theta^2}$$

对对数似然函数求导并令其为零

$$\frac{d(\ln(L(\theta)))}{d\theta}=\sum_{i=1}^n\left(\frac{\theta^2}{x_i}\cdot\frac{-2x_i}{\theta^3}\right)+\sum_{i=1}^n\frac{x_i^2}{\theta^3}$$

$$=\sum_{i=1}^n\left(\frac{-2}{\theta}\right)+\sum_{i=1}^n\frac{x_i^2}{\theta^3}=\frac{-2n}{\theta}+\frac{\sum\limits_{i=1}^n x_i^2}{\theta^3}=0$$

解得 $\theta=\sqrt{\dfrac{\sum\limits_{i=1}^n x_i^2}{2n}}\approx0.4412$。可以看出极大似然估计和矩估计的估计值 0.4723 相差不大。

方法三（贝叶斯估计）：

上面两种方法是一般的经典方法，可以通过矩估计或者极大似然估计的定义直接推导出估计的解析表达式。下面再用贝叶斯方法对参数进行估计，利用贝叶斯方法就很难推出估计的解析表达式了，所以这里利用 R 语言采用 MCMC 算法进行模拟抽样的方式进行实现。

首先对参数 θ 施加无信息先验 $g(\theta)=\dfrac{1}{\theta}$，那么后验概率密度为似然方程与先验分布相乘，即 $g(\theta;x) = \dfrac{1}{\theta}\prod_{i=1}^{n}\dfrac{x_i}{\theta^2}e^{-\frac{x_i^2}{2\theta^2}}, \theta > 0$。由于参数 θ 的取值为正数，所以先做变换 $\lambda = \ln(\theta)$ 将其实值化，得到

$$g(\lambda;x) = e^{\lambda}\dfrac{1}{e^{\lambda}}\prod_{i=1}^{n}\dfrac{x_i}{e^{2\lambda}}e^{-\frac{x_i^2}{2e^{2\lambda}}} = \prod_{i=1}^{n}\dfrac{x_i}{e^{2\lambda}}e^{-\frac{x_i^2}{2e^{2\lambda}}} = g(\ln(\theta);x)$$

再写出后验的对数形式 $\ln(g(\lambda;x))$，逆变换为 $\theta = e^{\lambda}$。

下面通过 MCMC 先模拟出 $\ln(g(\lambda;x)) = \ln(g(\ln(\theta);x))$ 的样本，再通过逆变换得到我们感兴趣的参数 θ 的模拟样本，进而得到参数估计。程序如下

```
mylogpost <- function(lamda, data){
  theta <- exp(lamda[1])
  sum(log(data$X/(theta^2)))-sum((data$X)^2)/(2 * theta^2)
}
data <- list(X=c(0.35,0.46,0.76,0.51,0.88))
```

为了使用 MCMC 算法，首先利用 LearnBayes 包中的 laplace 命令得到其正态近似，找出 $\ln(g(\lambda;x))$ 的密度最大点，作为 MCMC 算法的迭代初值。

```
library(LearnBayes)
fit <- laplace(mylogpost,-0.818, data)
fit
```

输出为：

```
$mode
[1] -0.8183595

$var
          [,1]
[1,] 0.0499993

$int
[1] -0.2973686

$converge
[1] TRUE
```

下面利用随机游走的 MH 算法对后验进行模拟抽样。

```
start <- -0.818
m <- 50000##simulation number
mcmc.fit <-rwmetrop(mylogpost,list(var=fit$v, scale=3), -0.818,m, data)
mcmc.fit$accept
```

输出的接受率为 37%。

下面进行马氏链的收敛性检测。利用逆变换，首先画出样本的 trace：

```
theta <- exp( mcmc. fit $par[ ,1 ] )##   inverse transformation
plot( theta, type = "l", col = 3, main = "trace of theta" )## sample trace
```

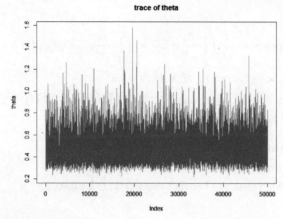

再检测一下自相关性:

```
##Autocorrealation analysis
lag <- 100
Autocorrealation1<- numeric( lag )
for( k in 1:lag)
{
    ak<- theta[ (1+k):m ]
    bk <- theta[ 1:(m-k) ]
    Autocorrealation1[ k ] <- ( sum(( theta-mean( theta ))^(2)))^( -1) * sum(( ak-mean( theta )) *
( bk-mean( theta )))


}
plot( Autocorrealation1, type = "h",
     main = "Autocorrelation of theta",
     xlab = "lag", ylim = c( 0, 0.8), col = 6)
```

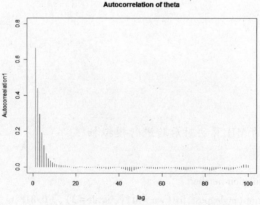

再检测一下遍历均值:

```
##   ergitic mean analysis
ergiticmeans <- numeric( m-1 )
```

```
for( i in 2:m) {
  ai <- theta[ 1:i]
  ergiticmeans[ i] <- sum( ai)/i
}
plot( ergiticmeans, type = "l", main = "ergitic mean of theta", col = 6)
```

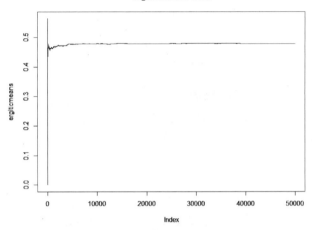

经过上述的收敛性检测，可以认为链已经收敛，则我们可以利用模拟出的 40 000 个样本来进行参数估计。

```
mean( theta)
```

输出为 0.477 2。这与矩估计值 0.472 3、极大似然估计值 0.441 2 相差不大。

再利用模拟样本进行区间估计：

```
quantile( theta, probs = c( 2.5, 50, 90, 97.5)/100) ##interval estimate
```

得到：

2.5%	50%	90%	97.5%
0.2696395	0.4555704	0.6294276	0.7701537

所以参数 θ 的 95% 的可信区间估计为(0.269 639 5, 0.770 153 7)。

3. 设一次实验可能有四个结果，其发生的概率分别是 $p_1 = \left(\dfrac{1}{2} - \dfrac{\theta}{4} \right)$, $p_2 = \left(\dfrac{1-\theta}{4} \right)$, $p_3 = \left(\dfrac{1+\theta}{4} \right)$, $p_4 = \dfrac{\theta}{4}$, 其中 $\theta \in (0, 1)$。现在进行 197 次试验，四种结果的发生次数分别为 75, 18, 70, 34。试求 θ 的参数估计。

解：方法一（利用矩估计）。

用 y_1, y_2, y_3, y_4 表示四种结果发生的次数，则有 $y_1+y_2+y_3+y_4 = 197$。那么用频率代替概率方法估计参数 θ，由此可以得到 4 个不同的关于参数 θ 的表达式：

$$\theta_1 = 4\left(\frac{1}{2} - \frac{y_1}{197} \right), \quad \theta_2 = 1 - 4\frac{y_2}{197}, \quad \theta_3 = 4\frac{y_3}{197} - 1, \quad \theta_4 = 4\frac{y_4}{197}$$

经计算得：$\theta_1 = 0.477$，$\theta_2 = 0.634$，$\theta_3 = 0.421$，$\theta_4 = 0.690$。

可以看出，矩估计得到的结果并不唯一，而且估计值之间相差较大。

方法二：极大似然估计——用 R 语言求解对数似然方程的根。

用 y_1，y_2，y_3，y_4 表示四种结果发生的次数，那么此时总体分布是多项分布，故其似然函数

$$L(\theta;y) \propto \left(\frac{1}{2} - \frac{\theta}{4}\right)^{y_1} \left(\frac{1-\theta}{4}\right)^{y_2} \left(\frac{1+\theta}{4}\right)^{y_3} \left(\frac{\theta}{4}\right)^{y_4}$$

$$\propto (2-\theta)^{y_1} (1-\theta)^{y_2} (1+\theta)^{y_3} (\theta)^{y_4}$$

下面求解对数似然函数的极大似然估计：

$$\frac{\mathrm{d}\ln(L(\theta;y))}{\mathrm{d}\theta}$$

$$= \frac{-y_1}{2-\theta} + \frac{-y_2}{1-\theta} + \frac{y_3}{1+\theta} + \frac{y_4}{\theta}$$

$$= \frac{y_1}{\theta-2} + \frac{y_2}{\theta-1} + \frac{y_3}{1+\theta} + \frac{y_4}{\theta}$$

$$= \frac{y_1\theta + y_4\theta - 2y_4}{\theta(\theta-2)} + \frac{y_2 - y_3 + (y_2 + y_3)\theta}{(\theta^2 - 1)}$$

$$= \frac{109\theta - 68}{\theta(\theta-2)} + \frac{88\theta - 52}{(\theta^2 - 1)}$$

$$= \frac{197\theta^3 - 296\theta^2 - 5\theta + 68}{\theta(\theta-2)(\theta^2-1)} = 0$$

因为涉及 3 次方程求根，人工求解其极大似然估计是很困难的，所以利用 R 语言中的求根函数来求解对数似然方程的根。命令如下：

```
f<-function(x)((109*x-68)/(x*(x-2))+(88*x-52)/(x^2-1))
f
out<-uniroot(f,c(0,1))
out$root
```

输出为：

```
out$root
[1]0.6118768
```

所以对数似然方程的根是 0.611 8，所以极大似然估计为 0.611 8。

方法三：极大似然估计——直接利用优化函数求解。

在方法二中我们借助了 R 语言中的求根命令，但是仍然需要对似然函数求导数，这还是很麻烦的，不如直接借助 R 语言中的 Optimize 命令来直接求似然函数的极值点，而不用求导。R 语言实现程序如下：

```
data <- list(X=c(75,18,70,34))
f<-function(x)(-((0.5-x/4)^(data$X[1]))*((0.25*(1-x))^(data$X[2]))*((0.25*(1+
```

x))^(data$X[3]))*((0.25*x)^(data$X[4])))

f

out<-optimize(f,c(0,1),tol=0.0001)

out

输出为:

out$minimum

[1] 0.6067478

$objective

[1] -8.691846e-109

所以参数 θ 的极大似然估计为 0.606 7。

方法四:利用 MCMC 算法对 $\ln(L(\theta;y))$ 进行模拟抽样,再基于模拟的样本进行统计推断,得到参数 θ 的估计值。方法四并不是贝叶斯估计,因为 MCMC 算法既然可以对复杂的后验密度进行模拟抽样,那么对于其他的复杂的密度函数也是能够实现模拟抽样的。在这里我们就用 MCMC 算法对本题中的复杂的似然函数直接进行模拟抽样,再基于样本进行推断。

首先我们知道样本的极大似然函数

$$L(\theta;y) \propto \left(\frac{1}{2}-\frac{\theta}{4}\right)^{y_1}\left(\frac{1-\theta}{4}\right)^{y_2}\left(\frac{1+\theta}{4}\right)^{y_3}\left(\frac{\theta}{4}\right)^{y_4}$$

考虑到参数 θ 的取值仅在区间 $(0,1)$,所以首先做变换将其映射到全体实值。

令 $t=\tan\left(\pi\theta-\frac{\pi}{2}\right)$,则参数 t 的取值为全体实值。那么有逆变换 $\theta=\frac{1}{\pi}\left(\arctan(t)+\frac{\pi}{2}\right)$,雅可比为 $J=\frac{1}{\pi(1+t^2)}$。在其他教材里,对于取值范围是 $(0,1)$ 的参数,将其全体实值化一般采用的是变换 $t=\mathrm{lnit}(\theta)=\ln\left(\frac{\theta}{1-\theta}\right)$,这里采用的变换是 $t=\tan\left(\pi\theta-\frac{\pi}{2}\right)$,经过试验发现也是可以的。

下面首先编写出 $\ln(L(t;y))$,R 语言程序实现如下:

```
myloglikelihood <- function(theta, data){
  x <- 1/pi*(pi/2+(atan(theta[1])))
log((1/(pi*(1+(theta[1])^2))))+log(((0.5-x/4)^(data$X[1]))*((0.25*(1-x))^(data
$X[2]))*((0.25*(1+x))^(data$X[3]))*((0.25*x)^(data$X[4])))
}
data <- list(X=c(75,18,70,34))
```

为了使用 MCMC 算法,首先利用 LearnBayes 包中的 laplace 命令得到其正态近似,找出 $\ln(L(t;y))$ 的密度最大点,作为 MCMC 算法的迭代初值。R 语言实现程序如下:

```
llibrary(LearnBayes)
fit <- laplace(myloglikelihood,0.3228, data)
fit
```

输出结果为

```
fit$mode
[1] 0.3228
```

```
$var
            [ ,1]
[1,] 0.04090928

$int
[1] -250.7499

$converge
[1] TRUE
```

下面利用随机游走的 MH 算法对 $\ln(L(t;y))$ 进行模拟抽样，实现如下：

```
start <- 0.3228
m <- 50000##simulation number
mcmc.fit <-rwmetrop(myloglikelihood,list(var=fit$v, scale=3), 0.3228,m, data)
mcmc.fit$accept
```

输出结果为

```
mcmc.fit$accept
[1]0.3915
```

所以参数 t 的链的接受率大约为 39%。利用逆变换 $\theta = \dfrac{1}{\pi}\left(\arctan(t)+\dfrac{\pi}{2}\right)$ 得到了我们感兴趣的参数 θ 的模拟随机数。

```
theta <- (1/pi) * (pi/2+(atan(mcmc.fit$par[ ,1]))).
```

下面进行参数 θ 的链的收敛性分析，首先画出链的 trace：

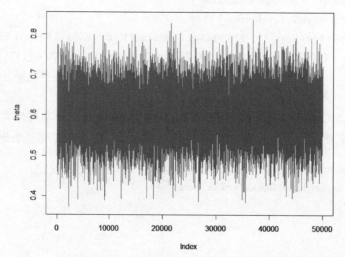

再进行自相关性的检验：

```
lag <- 100
Autocorrealation1<- numeric(lag)
for(k in 1:lag)
{
   ak<- theta[(1+k):m]
   bk <- theta[1:(m-k)]
   Autocorrealation1[k] <- (sum((theta-mean(theta))^(2)))^(-1) * sum((ak-mean(theta)) *
(bk-mean(theta)))

}
plot(Autocorrealation1,type="h",
      main="Autocorrelation of theta",
      xlab = "lag",ylim=c(0,0.8),col=7)
```

输出为

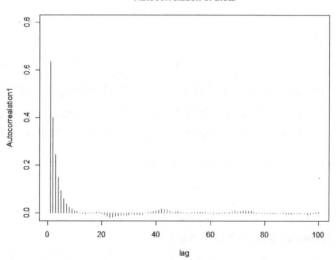

再进行遍历均值的分析：

```
ergiticmeans <- numeric(m-1)
for(i in 2:m){
   ai<- theta[1:i]
   ergiticmeans[i] <- sum(ai)/i

}
plot(ergiticmeans,type="l",main="ergitic mean of theta",col=7)
```

输出为

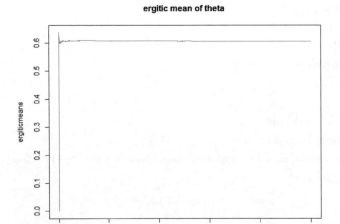

经过上述收敛性分析，我们认为参数 θ 的链已经达到稳定。所以我们用参数 θ 的模拟值进行推断，将 40 000 个模拟值的均值作为参数 θ 的估计值。

mean(theta)

输出为

mean(theta)
[1] 0.6041

所以参数 θ 的 MCMC 估计值为 0.604 1，这个估计值与极大似然估计值 0.606 7 非常接近。不仅如此，我们还可以利用 40 000 个样本值来进行参数 θ 的区间估计，方法与贝叶斯推断的区间估计相同，只需要把模拟值的分位数求出来，就得到了参数 θ 的可信区间估计。

quantile(theta,probs = c(2.5, 50,90, 97.5)/100)

输出为

2.5%   50%   90%   97.5%
0.4367287 0.6048183 0.6807548 0.7176308

所以我们知道参数 θ 的 95%的可信区间估计为(0.436 728 7,0.717 630 8)。

4. 设总体 $X \sim N(\mu,\sigma^2)$，$X_1,X_2,\cdots,X_n$ 是来自 X 的一个样本，试确定常数 C，使 $C\sum\limits_{i=1}^{n-1}(X_{i+1} - X_i)^2$ 为 σ^2 的无偏估计。

解：方法一：

因为 $X_{i+1}-X_i \sim N(0,2\sigma^2)$ $(i=1,2,\cdots,n-1)$，故 $(X_{i+1}-X_i)/(\sqrt{2}\sigma) \sim N(0,1)$ $(i=1,2,\cdots,n-1)$，$\left[(x_{i+1}-x_i)/(\sqrt{2}\sigma)\right]^2 \sim \chi^2(1)$，故 $E\left\{\sum\limits_{i=1}^{n-1}\left[(X_{i+1} - X_i)/(\sqrt{2}\sigma)\right]^2\right\} = n - 1$，而由 $E\left[C\sum\limits_{i=1}^{n-1}(X_{i+1} - X_i)^2\right]=\sigma^2$ 得到 $2C\sigma^2 E\sum\limits_{i=1}^{n-1}\left[(X_{i+1} - X_i)/(\sqrt{2}\sigma)\right]^2=\sigma^2$，于是 $2C\sigma^2\times(n-1) = \sigma^2$，

故 $C = 1/[2(n-1)]$

　　方法二：因 $X_i \sim N(\mu, \sigma^2)$ $(i=1,2,\cdots,n)$，故 $X_{i+1} - X_i \sim N(0, 2\sigma^2)$。

　　于是 $E(X_{i+1} - X_i) = 0$，$D(X_{i+1} - X_i) = 2\sigma^2$。因而

$$E(X_{i+1} - X_i)^2 = D(X_{i+1} - X_i) + [E(X_{i+1} - X_i)]^2 = 2\sigma^2$$

$$\sigma^2 = CE\left[\sum_{i=1}^{n-1}(X_{i+1} - X_i)^2\right] = C(n-1)E(X_{i+1} - X_i)^2 = 2(n-1)C\sigma^2$$

故 $C = 1/[2(n-1)]$

　　方法三：由 $X_{i+1} - X_i = (X_{i+1} - \mu) - (X_i - \mu)$ 得到

$$\sigma^2 = C\left[\sum_{i=1}^{n-1}E(X_{i+1} - X_i)^2\right] = C\left\{\sum_{i=1}^{n-1}\left[E(X_{i+1} - \mu) - (X_i - \mu)\right]^2\right\}$$

$$= C\left\{\sum_{i=1}^{n-1}E[(X_{i+1} - \mu)^2 - 2(X_{i+1} - \mu)(X_i - \mu) + (X_i - \mu)^2]\right\}$$

$$= C\left\{\sum_{i=1}^{n-1}\left[E(X_{i+1} - \mu)^2 - 2E(X_{i+1} - \mu)(X_i - \mu) + E(X_i - \mu)^2\right]\right\}$$

$$= C\left\{\sum_{i=1}^{n-1}\left[DX_{i+1} - 2E(X_{i+1} - \mu)E(X_i - \mu) + DX_i\right]\right\}$$

$$= C\left[\sum_{i=1}^{n-1}(\sigma^2 - 0 + \sigma^2)\right] = 2C(n-1)\sigma^2$$

故 $C = 1/[2(n-1)]$

　　📝 **5.** 设 $x_1, x_2, \cdots, x_n$ 是来自 $\exp(\lambda)$ 的样本，已知 $\bar{x}$ 为 $\dfrac{1}{\lambda}$ 的无偏估计，试说明 $\dfrac{1}{\bar{x}}$ 是否为 λ 的无偏估计。

　　解：**方法一**：依题可知 $x_1, x_2, \cdots, x_n$ 相互独立，且服从 $\exp(\lambda)$，则密度函数和分布函数为

$$p(x_i) = \begin{cases} \lambda e^{-\lambda x_i}, & x_i \geqslant 0 \\ 0, & x_i < 0 \end{cases}; \quad F(x_i) = \begin{cases} 1 - e^{-\lambda x_i}, & x_i \geqslant 0 \\ 0, & x_i < 0 \end{cases}$$

所以

$$f(x_1, x_2, \cdots, x_n) = f(x_1) \cdot f(x_2) \cdots f(x_n) = \lambda e^{-\lambda x_1} \cdot \lambda e^{-\lambda x_2} \cdots \lambda e^{-\lambda x_n}$$

$$= \lambda^n e^{-\lambda \sum_{i=1}^{n} x_i}$$

令

$$\begin{cases} y_1 = x_1 \\ y_2 = x_1 + x_2 \\ \vdots \\ y_n = x_1 + \cdots + x_n \end{cases}$$

则

$$\begin{cases} x_1 = y_1 \\ x_2 = y_2 - y_1 \\ \vdots \\ x_n = y_n - y_{n-1} \end{cases}$$

则

$$\boldsymbol{J} = \begin{vmatrix} \dfrac{\partial x_1}{\partial y_1} & \dfrac{\partial x_1}{\partial y_2} & \cdots & \dfrac{\partial x_1}{\partial y_n} \\ \dfrac{\partial x_2}{\partial y_1} & \dfrac{\partial x_2}{\partial y_2} & \cdots & \dfrac{\partial x_2}{\partial y_n} \\ \vdots & \vdots & & \vdots \\ \dfrac{\partial x_n}{\partial y_1} & \dfrac{\partial x_n}{\partial y_2} & \cdots & \dfrac{\partial x_n}{\partial y_n} \end{vmatrix} = \begin{vmatrix} 1 & 0 & \cdots & 0 \\ -1 & 1 & \cdots & 0 \\ \vdots & \vdots & & \vdots \\ 0 & 0 & \cdots & 1 \end{vmatrix} = 1$$

由雅可比变换：

$$f(y_1, y_2, \cdots, y_n) = f(x_1, x_2, \cdots, x_n)|\boldsymbol{J}| = \lambda^n e^{-\lambda(y_1 + y_2 - y_1 + \cdots + y_n - y_{n-1})} = \lambda^n e^{-\lambda y_n}$$

$$f(y_n) = \lambda^n \int \cdots \int e^{-\lambda y_n} dy_1 \cdots dy_{n-1} = \lambda^n e^{-\lambda y_n} \int_0^{y_n} \cdots \int_0^{y_2} 1 dy_1 \cdots dy_{n-1} = \lambda^n e^{-\lambda y_n} \int_0^{y_n} \cdots \int_0^{y_3} y_2 dy_2 \cdots dy_{n-1}$$

$$= \lambda^n e^{-\lambda y_n} \int_0^{y_n} \cdots \int_0^{y_4} \frac{1}{2} y_3^2 dy_3 \cdots dy_{n-1}$$

$$= \lambda^n e^{-\lambda y_n} \int_0^{y_n} \cdots \int_0^{y_5} \frac{1}{2} \cdot \frac{1}{3} y_4^3 dy_4 \cdots dy_{n-1} = \cdots$$

$$= \lambda^n e^{-\lambda y_n} \int_0^{y_n} \frac{1}{2} \cdot \frac{1}{3} \cdots \frac{1}{n-2} y_{n-1}^{n-2} dy_{n-1}$$

$$= \lambda^n e^{-\lambda y_n} \frac{1}{2} \cdot \frac{1}{3} \cdots \frac{1}{n-1} y_n^{n-1} = \frac{\lambda^n y_n^{n-1} e^{-\lambda y_n}}{(n-1)!}$$

于是

$$E\left(\frac{1}{y_n}\right) = \int_0^\infty \frac{\lambda^n y^{n-2} e^{-\lambda y}}{(n-1)!} dy = \frac{\lambda}{n-1} \int_0^\infty \frac{\lambda^{n-1}}{(n-2)!} y^{n-2} e^{-\lambda y} dy = \frac{\lambda}{n-1}$$

（注：最后一个等号利用了伽马分布密度函数的归一性。）

方法二：因为 $x_1, x_2, \cdots, x_n \sim \mathrm{Exp}(\lambda)$，所以

$$y = \sum_{i=1}^n x_i \sim \mathrm{Ga}(n, \lambda)$$

相应的密度函数为

$$f(y) = \frac{\lambda^n}{\Gamma(n)} y^{n-1} \exp(-\lambda y), \quad y > 0$$

于是

$$E\left(\frac{1}{y}\right) = \int_0^\infty \frac{\lambda^n}{\Gamma(n)} y^{n-2} e^{-\lambda y} dy = \frac{\lambda}{n-1} \int_0^\infty \frac{\lambda^{n-1}}{\Gamma(n-1)} y^{n-2} e^{-\lambda y} dy = \frac{\lambda}{n-1}$$

所以，$E\left(\dfrac{1}{\bar{x}}\right)=\dfrac{n\lambda}{n-1}$。即 $\dfrac{1}{\bar{x}}$ 不是 λ 的无偏估计，但它是 λ 的渐进无偏估计，经修偏，$\dfrac{n-1}{n\,\bar{x}}$ 是 λ 的无偏估计。

✎ **6.** 设总体 X 在区间 $[0,\theta]$ 上服从均匀分布，$X_1,X_2,\cdots,X_n$ 是取自总体 X 的简单随机样本，$\bar{X}=\dfrac{1}{n}\displaystyle\sum_{i=1}^{n}X_i$。求未知参数 θ 的矩估计量 $\hat{\theta}$，并证明 $\hat{\theta}$ 为 θ 的一致性（相合性）估计。

解：$\hat{\theta}$ 的求解。

已知总体 X 的概率密度函数、分布函数分别为

$$f(x;\theta)=\begin{cases}\dfrac{1}{\theta}, & 0\leqslant x\leqslant\theta \\ 0, & \text{其他}\end{cases}$$

$$F(x;\theta)\begin{cases}0, & x<0 \\ \dfrac{x}{\theta}, & 0\leqslant x<\theta \\ 1, & \theta\leqslant x\end{cases}$$

令 $\bar{X}=E(X)=\dfrac{\theta}{2}$，解得 θ 矩估计量 $\hat{\theta}=2\,\bar{X}$。

一致性证明。

方法一：由于 $E(X)=\dfrac{\theta}{2}$，$D(X)=\dfrac{\theta^2}{12}$。

所以 $E(\hat{\theta})=E(2\,\bar{X})=2E(\bar{X})=2E(X)=\theta$，$D(\hat{\theta})=D(2\,\bar{X})=4D(\bar{X})=4\times\dfrac{D(X)}{n^2}=\dfrac{\theta^2}{3n^2}\to0(n\to\infty)$，所以 $\hat{\theta}$ 为 θ 的无偏估计，显然是 θ 的渐进无偏估计，且 $\lim\limits_{n\to\infty}D(\hat{\theta})=0$，所以 $\hat{\theta}$ 为 θ 的一致性估计。

方法二（利用切比雪夫不等式）：

由于 $D(\hat{\theta})\to0(n\to\infty)$，由切比雪夫不等式，对任意 $\varepsilon>0$ 有

$$0\leqslant P\{\,|\hat{\theta}-E(\hat{\theta})|\geqslant\varepsilon\,\}\leqslant\dfrac{D(\hat{\theta})}{\varepsilon^2}\to0$$

即 $\lim\limits_{n\to\infty}P\{\,|\theta-\hat{\theta}|\geqslant\varepsilon\,\}=0$，$\hat{\theta}\overset{P}{\to}\theta$，$\hat{\theta}$ 为 θ 的一致性估计。

方法三（利用大数定律）：

因 $X_1,X_2,\cdots,X_n$ 相互独立，且

$$\dfrac{1}{n^2}D(X)=\dfrac{\theta^2}{12\,n^2}\to0(n\to\infty)$$

由马尔可夫大数定律知 $\{X_n\}$ 服从大数定律，又因为

$$\bar{X}\to E(X)(n\to\infty)$$

所以

$$\hat{\theta}=2\,\bar{X}\to2E(X)=\theta(n\to\infty)$$

即

$$\lim_{n \to \infty} P\{ |\theta - \hat{\theta}| \geq \varepsilon \} = 0$$

因此，$\hat{\theta}$ 为 θ 的一致性估计。

7. 设 x_1，x_2，x_3 是取自标准正态分布 $N(0,1)$ 总体的容量为 3 的样本，它们相互独立。试证明 $\hat{\mu} = \dfrac{1}{2}x_1 + \dfrac{1}{3}x_2 + \dfrac{1}{6}x_3$ 是该总体均值 $\mu = 0$ 的无偏估计。

证明：方法一：求统计量的数学期望。

$$E(\hat{\mu}) = \frac{1}{2}E(x_1) + \frac{1}{3}E(x_2) + \frac{1}{6}E(x_3) = \frac{1}{2}\mu + \frac{1}{3}\mu + \frac{1}{6}\mu = \mu$$

所以 $\hat{\mu}$ 是总体均值 μ 的无偏估计。

方法二：求 $\hat{\mu}$ 的方差。

$$V(\hat{\mu}) = \frac{1}{4}V(x_1) + \frac{1}{9}V(x_2) + \frac{1}{36}V(x_3) = \frac{1}{4}\sigma^2 + \frac{1}{9}\sigma^2 + \frac{1}{36}\sigma^2 = \frac{7}{18}\sigma^2$$

求 $E(x_1^2)$，$E(x_2^2)$，$E(x_3^2)$：

$$E(x_1^2) = \mathrm{Var}(x_1) + (E(x_1))^2 = \sigma^2 + \mu^2$$
$$E(x_2^2) = \mathrm{Var}(x_2) + (E(x_2))^2 = \sigma^2 + \mu^2$$
$$E(x_3^2) = \mathrm{Var}(x_3) + (E(x_3))^2 = \sigma^2 + \mu^2$$

求 $E(\hat{\mu}^2)$：

$$E(\hat{\mu}^2) = E\left(\left(\frac{1}{2}x_1 + \frac{1}{3}x_2 + \frac{1}{6}x_3 \right)^2 \right)$$
$$= E\left(\frac{1}{4}x_1^2 + \frac{1}{9}x_2^2 + \frac{1}{36}x_3^2 + \frac{1}{3}x_1x_2 + \frac{1}{6}x_1x_3 + \frac{1}{9}x_2x_3 \right)$$
$$= \frac{1}{4}E(x_1^2) + \frac{1}{9}E(x_2^2) + \frac{1}{36}E(x_3^2) + \frac{1}{3}E(x_1x_2) + \frac{1}{6}E(x_1x_3) + \frac{1}{9}E(x_2x_3)$$
$$= \left(\frac{1}{4} + \frac{1}{9} + \frac{1}{36} \right)(\sigma^2 + \mu^2) + \frac{1}{3}E(x_1)E(x_2) + \frac{1}{6}E(x_1)E(x_3) + \frac{1}{9}E(x_2)E(x_3)$$
$$= \frac{7}{18}\sigma^2 + \frac{7}{18}\mu^2 + \left(\frac{1}{3} + \frac{1}{6} + \frac{1}{9} \right)\mu^2 = \frac{7}{18}\sigma^2 + \mu^2$$

所以 $E(\hat{\mu})$ 为

$$(E(\hat{\mu}))^2 = E(\hat{\mu}^2) - V(\hat{\mu}) = \frac{7}{18}\sigma^2 + \mu^2 - \frac{7}{18}\sigma^2 = \mu^2$$

$$E(\hat{\mu}) = \mu$$

所以 $\hat{\mu}$ 是总体均值 μ 的无偏估计。

8. 设总体 $X \sim U\left(\theta - \dfrac{1}{2}, \theta + \dfrac{1}{2}\right)$，$x_1, x_2, \cdots, x_n$ 为样本，证明样本均值 $\overline{X}$ 和样本中程 $\dfrac{1}{2}(x_{(1)} + x_{(n)})$ 都是 θ 的无偏估计，并比较它们的有效性。

解：方法一： 由总体 $X \sim U\left(\theta - \dfrac{1}{2}, \theta + \dfrac{1}{2}\right)$，得 $E(X) = \theta$，$V(X) = \dfrac{1}{12}$，因而 $E(\overline{X}) = \theta$，这首

先说明样本均值 $\hat{\theta}_1 = \overline{x}$ 是 θ 的无偏估计，且 $V(\hat{\theta}_1) = \dfrac{1}{12n}$。

为求样本中程 $\hat{\theta}_2 = \dfrac{1}{2}(x_{(1)} + x_{(n)})$ 的均值与方差，注意到 $Y = X - \left(\theta - \dfrac{1}{2}\right) \sim U(0,1)$，令 $y_i = x_i -$

$\left(\theta - \dfrac{1}{2}\right), i = 1, 2, \cdots, n$

则
$$\hat{\theta}_2 = \frac{1}{2}(x_{(1)} + x_{(n)}) = \frac{1}{2}(y_{(1)} + y_{(n)}) + \theta - \frac{1}{2}$$

由于 $y_{(i)} \sim B(i, n-i+1)$，故 $E(y_{(1)}) = \dfrac{1}{n+1}$，$E(y_{(n)}) = \dfrac{n}{n+1}$，从而
$$E(\hat{\theta}_2) = \frac{1}{2}(y_{(1)} + y_{(n)}) + \theta - \frac{1}{2} = \theta$$

这证明了样本中程是 θ 的无偏估计。
且 $x_{(1)}$ 与 $x_{(n)}$ 的联合密度函数为
$$f(x_{(1)}, x_{(n)}) = \frac{n!}{(n-2)!} p(x_{(1)}) p(x_{(n)}) (F(x_{(n)}) - F(x_{(1)}))^{n-2}, x_{(1)} < \cdots < x_{(n)}$$

做变换 $\begin{cases} R_n = x_{(n)} - x_{(1)} \\ Y = x_{(1)} \end{cases}$，其逆变换为 $\begin{cases} x_{(1)} = Y \\ x_{(n)} = R_n + Y \end{cases}$，雅可比行列式绝对值为 $|J| = 1$，于是

R_n 和 Y 的联合密度为 $f_{R_n, Y}(x, y) = n(n-1)p(y)p(x+y)(F(x+y) - F(y))^{n-2}$
由此可以算出 R_n 的边际密度为
$$f_{R_n}(x) = \int_{-\infty}^{\infty} n(n-1)f(y)f(x+y)(F(x+y) - F(y))^{n-2}dy$$

R_n 的分布函数为
$$F_{R_n}(x) = \int_0^x \int_{-\infty}^{\infty} n(n-1)f(y)f(t+y)(F(t+y)-F(y))^{n-2}dydt = \int_{-\infty}^{\infty} nf(y)(F(x+y)-F(y))^{n-1}dy$$

代入 $y_{(i)} \sim B(i, n-i+1)$ 即可得到 $y_{(n)} - y_{(1)} \sim B(n-1, 2)$
所以
$$V(y_{(1)}) = V(y_{(n)}) = \frac{n}{(n+1)^2(n+2)}$$
$$V(y_{(n)} - y_{(1)}) = \frac{2(n-1)}{(n+1)^2(n+2)}$$

从而 $\text{Cov}(y_{(n)}, y_{(1)}) = \dfrac{1}{2}[V(y_{(1)}) + V(y_{(n)}) - V(y_{(n)} - y_{(1)})] = \dfrac{1}{(n+1)^2(n+2)}$

于是
$$V\left(\frac{1}{2}(y_{(n)} + y_{(1)})\right) = \frac{1}{4}[V(y_{(1)}) + V(y_{(n)}) + 2\text{Cov}(y_{(n)}, y_{(1)})]$$
$$= \frac{1}{4}\left[\frac{2n}{(n+1)^2(n+2)} + \frac{2}{(n+1)^2(n+2)}\right] = \frac{1}{2(n+1)(n+2)}$$

当 $n>2$ 时，$\dfrac{1}{12n}>\dfrac{1}{2(n+1)(n+2)}$。这说明作为 θ 的无偏估计，当 $n>2$ 时，样本中程 $\dfrac{1}{2}(x_{(1)}+x_{(n)})$ 比样本均值 $\bar{x}$ 有效。

方法二：由总体 $X \sim \mathrm{U}\left(\theta-\dfrac{1}{2},\theta+\dfrac{1}{2}\right)$，得 $E(X)=\theta$，$V(X)=\dfrac{1}{12}$，因而 $E(\bar{X})=\theta$，这首先说明样本均值 $\hat{\theta}_1=\bar{x}$ 是 θ 的无偏估计，且 $V(\hat{\theta}_1)=\dfrac{1}{12n^2}$。

为求样本中程 $\hat{\theta}_2=\dfrac{1}{2}(x_{(1)}+x_{(n)})$ 的均值与方差，先计算 $x_{(1)}$ 与 $x_{(n)}$ 的联合密度函数。

即 $x_{(1)}$ 与 $x_{(n)}$ 的联合密度函数为

$$f(x_{(1)},x_{(n)})=\dfrac{n!}{(n-2)!}f(x_{(1)})f(x_{(n)})(F(x_{(n)})-F(x_{(1)}))^{n-2},x_{(1)}<\cdots<x_{(n)}$$

做变换 $\begin{cases} R_n=x_{(n)}-x_{(1)} \\ Y=x_{(1)} \end{cases}$，其逆变换为 $\begin{cases} x_{(1)}=Y \\ x_{(n)}=R_n+Y \end{cases}$，雅可比行列式绝对值为 $|J|=1$，于是

R_n 和 Y 的联合密度为 $f_{R_n,Y}(x,y)=n(n-1)f(y)f(x+y)(F(x+y)-F(y))^{n-2}$

由此可以算出 R_n 的边际密度为

$$f_{R_n}(x)=\int_{-\infty}^{\infty} n(n-1)f(y)f(x+y)(F(x+y)-F(y))^{n-2}\mathrm{d}y$$

R_n 的分布函数为

$$F_{R_n}(x)=\int_0^x\int_{-\infty}^{\infty} n(n-1)f(y)f(t+y)(F(t+y)-F(y))^{n-2}\mathrm{d}y\mathrm{d}t$$

$$=\int_{-\infty}^{\infty} nf(y)(F(x+y)-F(y))^{n-1}\mathrm{d}y$$

代入 $X \sim \mathrm{U}\left(\theta-\dfrac{1}{2},\theta+\dfrac{1}{2}\right)$ 即可得到 $f(x_{(1)},x_{(n)})=n(n-1)(x_{(n)}-x_{(1)})^{n-2}$

则
$$f(x_{(1)})=n\left(\theta+\dfrac{1}{2}-x_{(1)}\right)^{n-1},\ f(x_{(n)})=n\left(x_{(n)}-\theta+\dfrac{1}{2}\right)^{n-1}$$

从而
$$V(f(x_{(1)}))=\int_{\theta-\frac{1}{2}}^{x_{(n)}} x_{(1)}{}^2 n\left(\theta+\dfrac{1}{2}-x_{(1)}\right)^{n-1}\mathrm{d}x_{(1)}$$

$$V(f(x_{(n)}))=\int_{x_{(n)}}^{\theta+\frac{1}{2}} x_{(n)}{}^2 n\left(x_{(n)}-\theta+\dfrac{1}{2}\right)^{n-1}\mathrm{d}x_{(n)}$$

$$V(f(x_{(n)}-x_{(1)}))=\int_0^1 (x_{(n)}-x_{(1)})^2 n(n-1)(x_{(n)}-x_{(1)})^{n-2}\mathrm{d}(x_{(n)}-x_{(1)})$$

$$\mathrm{Cov}(x_{(n)},x_{(1)})=\dfrac{1}{2}[V(x_{(1)})+V(x_{(n)})-V(x_{(n)}-x_{(1)})]$$

于是计算得

$$V\left(\dfrac{1}{2}(x_{(n)}+x_{(1)})\right)=\dfrac{1}{4}[V(x_{(1)})+V(x_{(n)})+2\mathrm{Cov}(x_{(n)},x_{(1)})]=\dfrac{1}{2(n+1)(n+2)}$$

当 $n>2$ 时，$\dfrac{1}{12n}>\dfrac{1}{2(n+1)(n+2)}$。这说明作为 θ 的无偏估计，在 $n>2$ 时，样本中程 $\dfrac{1}{2}(x_{(1)}+x_{(n)})$ 比样本均值 $\bar{x}$ 有效。

9. 设总体 X 服从参数为 2 的指数分布，$X_1,X_2,\cdots,X_n$ 是来自总体 X 的简单随机样本，则当 $n\to\infty$ 时，$Y_n=\dfrac{1}{n}\sum_{i=1}^{n}X_i^2$ 依概率收敛于多少？

解：方法一：

由于 $X_1,X_2,\cdots,X_n$ 是来自总体 X 的简单随机样本，因而 $X_1,X_2,\cdots,X_n$ 相互独立。并且，$X_1^2,X_2^2,\cdots,X_n^2$ 也相互独立并且同分布。

因为 X 服从参数为 2 的指数分布，所以

$$E(X_i)=\frac{1}{2},D(X_i)=\frac{1}{4},i=1,2,\cdots,n$$

从而我们可以得到

$$E(X_i^2)=E(X_i)^2+D(X_i)=\left(\frac{1}{2}\right)^2+\frac{1}{4}=\frac{1}{2},i=1,2,\cdots,n$$

由大数定律，$Y_n=\dfrac{1}{n}\sum_{i=1}^{n}X_i^2$ 依概率收敛于 $E(X_i^2)$

所以 Y_n 依概率收敛于 $\dfrac{1}{2}$。

方法二： 当得到 $E(X_i^2)=E(X_i)^2+D(X_i)=\left(\dfrac{1}{2}\right)^2+\dfrac{1}{4}=\dfrac{1}{2},i=1,2,\cdots,n$ 后，不使用大数定律。接下来是另一种解答方法。

由于 $X_1,X_2,\cdots,X_n$ 是来自总体 X 的简单随机样本，因而 $X_1,X_2,\cdots,X_n$ 相互独立。并且，$X_1^2,X_2^2,\cdots,X_n^2$ 也相互独立并且同分布。

因为 X 服从参数为 2 的指数分布，所以

$$E(X_i)=\frac{1}{2},D(X_i)=\frac{1}{4},i=1,2,\cdots,n$$

从而我们可以得到

$$E(X_i^2)=E(X_i)^2+D(X_i)=\left(\frac{1}{2}\right)^2+\frac{1}{4}=\frac{1}{2},i=1,2,\cdots,n$$

$$\therefore\quad E(Y_n)=E\left(\frac{1}{n}\sum_{i=1}^{n}X_i^2\right)=\frac{1}{n}E\left(\sum_{i=1}^{n}X_i^2\right)=\frac{1}{n}\sum_{i=1}^{n}E(X_i^2)=\frac{1}{2}$$

同时，注意到 $X_1^2,X_2^2,\cdots,X_n^2$ 也相互独立并且同分布。

$$D(Y_n)=D\left(\frac{1}{n}\sum_{i=1}^{n}X_i^2\right)=\frac{1}{n^2}D\left(\sum_{i=1}^{n}X_i^2\right)=\frac{1}{n^2}\sum_{i=1}^{n}D(X_i^2)$$

$$D(X_i^2)=E[X_i^2-E(X_i^2)]^2=E\left(X_i^2-\frac{1}{2}\right)^2$$

而 $$E\left(x^2-\frac{1}{2}\right)^2 = \int_0^\infty \left(x^2-\frac{1}{2}\right)^2 \cdot 2\mathrm{e}^{-2x}\mathrm{d}x = \frac{5}{4}$$

事实上，可由洛必达法则证得 $\int_0^\infty \left(x^2-\frac{1}{2}\right)^2 \cdot 2\mathrm{e}^{-2x}\mathrm{d}x$ 收敛，所以记 $E\left(x^2-\frac{1}{2}\right)^2 = c$

$\therefore$ $$D(Y_n) = \frac{1}{n^2}\sum_{i=1}^{n} E\left(X_i^2-\frac{1}{2}\right)^2 = \frac{c}{n}$$

再由切比雪夫不等式，对任意的 $\varepsilon>0$，有

$$0 \leqslant P\{\,|Y_n-E(Y_n)|\geqslant\varepsilon\} \leqslant \frac{D(Y_n)}{\varepsilon^2}$$

$$0 \leqslant P\{\,|Y_n-E(Y_n)|\geqslant\varepsilon\} \leqslant \frac{c}{n\varepsilon^2}$$

$\therefore$ $$\lim_{n\to\infty} P\{\,|Y_n-E(Y_n)|\geqslant\varepsilon\} = 0$$

由依概率收敛的定义，Y_n 依概率收敛于 $E(Y_n)$，即 $\frac{1}{2}$。

第8章 假设检验

1. 测得两批电子器件的样品的电阻（单位：Ω）分别为

A 批 (x)：　 0.140　0.138　0.143　0.142　0.144　0.137

B 批 (y)：　 0.135　0.140　0.142　0.136　0.138　0.140

设这两批器材的电阻值分别服从分布 $N(\mu_1,\sigma_1^2),N(\mu_2,\sigma_2^2)$，且两样本独立。

（1）试检验两个总体的方差是否相等（取 $\alpha=0.05$）？

（2）试检验两个总体的均值是否相等（取 $\alpha=0.05$）？

解：方法一：

（1）设这两批器材的电阻值分别服从分布 $X \sim N(\mu_1,\sigma_1^2),Y \sim N(\mu_2,\sigma_2^2)$，作假设检验：

$$H_0:\sigma_1^2=\sigma_2^2;H_1:\sigma_1^2 \neq \sigma_2^2$$

选取检验统计量 $F=\dfrac{S_x^2}{S_y^2} \sim F(n_1-1,n_2-1)$，在显著性水平 $\alpha=0.05$ 下，有：

$$F_{1-\frac{\alpha}{2}}(n_1-1,n_2-1)=F_{0.975}(5,5)=7.15$$

$$F_{\frac{\alpha}{2}}(n_1-1,n_2-1)=F_{0.025}(5,5)=\frac{1}{F_{0.975}(5,5)}=\frac{1}{7.15}=0.139\,9$$

则检验的双侧拒绝域为

$$W=\{F \leqslant 0.139\,9 \text{ 或 } F \geqslant 7.15\}$$

因观测值 $f=\dfrac{s_x^2}{s_y^2}=\dfrac{0.002\,805^2}{0.002\,665^2}=1.108\,0 \notin W$，且检验 p 值为

$$p=2P(F \geqslant 1.108\,0)=0.913\,1>\alpha=0.05$$

所以在 $\alpha=0.05$ 水平下，接受原假设 H_0，拒绝 H_1，认为两个总体的方差相等。

（2）作假设检验：

$$H_0:\mu_1=\mu_2;\ H_1:\mu_1 \neq \mu_2$$

σ_1^2,σ_2^2 未知，但由（1）得，可认为 $\sigma_1^2=\sigma_2^2$。选取检验统计量

$$T=\frac{\overline{X}-\overline{Y}}{S_w\sqrt{\dfrac{1}{n_1}+\dfrac{1}{n_2}}} \sim t(n_1+n_2-2)$$

在显著性水平 $\alpha=0.05$ 下，有

$$t_{1-\frac{\alpha}{2}}(n_1+n_2-2)=t_{0.975}(10)=2.228\,1$$

则检验的双侧拒绝域为

$$W=\{|t| \geqslant 2.228\,1\}$$

因由

$$s_w = \sqrt{\frac{(n_1-1)s_x^2+(n_2-1)s_y^2}{n_1+n_2-2}} = \sqrt{\frac{5\times0.002\,805^2+5\times0.002\,665^2}{10}} = 0.002\,736$$

则有

$$t = \frac{0.140\,7-0.138\,5}{0.002\,736\times\sqrt{\frac{1}{6}+\frac{1}{6}}} = 1.371\,8 \notin W$$

且有检验的 p 值为

$$p = 2P(T \geqslant 1.371\,8) = 0.200\,1 > \alpha = 0.05$$

所以在 $\alpha = 0.05$ 水平下，接受原假设 H_0，拒绝 H_1，认为两个总体的均值相等。

方法二：用 R 语言编程计算，代码如下

```
> x=c(0.140,0.138,0.143,0.142,0.144,0.137)
> y=c(0.135,0.140,0.142,0.136,0.138,0.140)
>
> var.test(x,y)

        F test to compare two variances

data:  x and y
F = 1.108, num df = 5, denom df = 5, p-value = 0.9132
alternative hypothesis: true ratio of variances is not equal to 1
95 percent confidence interval:
 0.1550409 7.9180569
sample estimates:
ratio of variances
        1.107981

>
> t.test(x,y,var.equal=TRUE,conf.level=0.95)

        Two Sample t-test

data:  x and y
t = 1.3718, df = 10, p-value = 0.2001
alternative hypothesis: true difference in means is not equal to 0
95 percent confidence interval:
 -0.001352414  0.005685747
sample estimates:
mean of x mean of y
0.1406667 0.1385000
```

由运行计算结果知：

方差假设检验统计量 F 的 95% 置信区间为 $[0.155\,0, 7.918\,1]$，方差的检验统计量 $F = 1.108\,0$，F 在置信区间内；且检验 p 值 $p = 0.913\,2 > \alpha = 0.05$，所以我们接受原假设，认为两个总体的方差相等。

均值假设检验 $X-Y$ 的 95% 置信区间为 $[-0.001\,352, 0.005\,686]$，检验统计量 $t = 1.371\,8$，样本均值为 $\overline{X} = 0.140\,7$，$\overline{Y} = 0.138\,5$，$\overline{X}-\overline{Y} = 0.002\,167$，在置信区间内；且检验 p 值 $p = 0.200\,1 > \alpha = 0.05$，所以我们接受原假设，认为两个总体的均值相等。

🖋 2. 测得两批电子器材的电阻值（单位：Ω）分别为

A 批：14.0，13.8，13.4，14.2，14.4，13.7

B 批：13.5，14.0，14.2，13.6，13.8，14.0

设 A 批器材的电阻 $X \sim N(\mu_1, \sigma^2)$，B 批器材的电阻 $Y \sim N(\mu_2, \sigma^2)$，而且 X 与 Y 相互独立，在显著性水平 $\alpha = 0.05$ 下，可否认为两批器材的电阻均值相等？

方法一：

本题是两个正态总体均值差的检验，

$$H_0 : \mu_1 - \mu_2 = 0; H_1 : \mu_1 - \mu_2 \neq 0$$

由于 σ^2 未知且相等，取检验统计量 $T = \dfrac{\overline{X} - \overline{Y}}{S_W \sqrt{\dfrac{1}{n_1} + \dfrac{1}{n_2}}}$，现有 $n_1 = 6$，$n_2 = 6$，$\overline{x} =$

$\dfrac{14.0 + 13.8 + \cdots + 13.7}{6} = 13.9167$，$\overline{y} = \dfrac{13.5 + 14.0 + \cdots + 14.0}{6} = 13.85$，$s_\omega = 0.3168$，$\alpha = 0.05$，

$t_{1-\frac{\alpha}{2}}(n_1 + n_2 - 2) = t_{0.975}(10) = 2.228$，$|t| = \left| \dfrac{13.917 - 13.85}{0.3168 \times \sqrt{\dfrac{1}{6} + \dfrac{1}{6}}} \right| = 0.3646 < 2.228$，

接受 H_0，即两批器材的电阻均值相等。

方法二：

定义虚拟变量 $d_i = \begin{cases} 0, & \text{样本点来自总体 } \eta \\ 1, & \text{样本点来自总体 } \xi \end{cases}$，$i = 1, 2, \cdots, n_1 + n_2$。

$n_1 + n_2$ 维列向量 $\boldsymbol{y} = (\xi_1, \xi_2, \cdots \xi_{n_1}, \eta_1, \eta_2, \cdots \eta_{n_2})^{\mathrm{T}}$，对应的 $n_1 + n_2$ 维列向量 $\boldsymbol{d} = (1, 1, \cdots, 1, 0, 0, \cdots, 0)^{\mathrm{T}}$。建立回归模型 $\boldsymbol{y} = \boldsymbol{\beta}_0 + \beta_1 \boldsymbol{d} + \boldsymbol{\varepsilon}$，假设该模型满足经典的假定条件，其中 $E(\boldsymbol{\varepsilon} | \boldsymbol{d}) = \boldsymbol{0}$，$E(\boldsymbol{\varepsilon}^{\mathrm{T}} \boldsymbol{\varepsilon} | \boldsymbol{d}) = \sigma^2 \boldsymbol{I}$。

则有 $E(\boldsymbol{y} | \boldsymbol{d} = 1) = \boldsymbol{\beta}_0 + \boldsymbol{\beta}_1$，$E(\boldsymbol{y} | \boldsymbol{d} = 0) = \boldsymbol{\beta}_0$，$\beta_1 = E(\boldsymbol{y} | \boldsymbol{d} = 1) - E(\boldsymbol{y} | \boldsymbol{d} = 0)$ 表示两个总体 ξ 和 η 的期望的值。

在回归模型中，在原假设 $H_0 : \beta_1 = \boldsymbol{0}$ 的条件下（此原假设就等价于 $H_0 : \mu_1 = \mu_2$），解释变量 $\boldsymbol{d}$（虚拟变量）的 t 检验的统计量为 $t = \dfrac{\hat{\beta}_1 - \beta_1}{\mathrm{se}(\hat{\beta}_1)} = \dfrac{\hat{\beta}_1}{\mathrm{se}(\hat{\beta}_1)}$，其中 $\mathrm{se}(\hat{\beta}_1)$ 称为估计量的标准误差，$\mathrm{se}(\hat{\beta}_1) = \sqrt{\dfrac{\hat{\sigma}^2}{\sum\limits_{i=1}^{n}(d_i - \hat{d})^2}}$，$\hat{\sigma}^2$ 为误差项 ε 的估计值，$\hat{\sigma}^2 = \dfrac{(y_i - \hat{y}_i)^2}{n-2}$。

针对方差未知但相同的两个正态总体期望的假设检验，由上式构造的回归模型的解释变量 $\boldsymbol{d}$ 的 t 检验的统计量 t 与通常构造的统计量 T 是等价的，证明如下。

由 β_1 的含义：表示两个总体 ξ 和 η 的期望之差，故 $\hat{\beta}_1 = \overline{\xi} - \overline{\eta}$。

$$\sum_{i=1}^{n}(d_i - \overline{d})^2 = \sum_{i=1}^{n} d_i^2 - n \overline{d}^2 = \sum_{i=1}^{n} d_i - n\left(\dfrac{n_1}{n}\right)^2 = n_1 - \dfrac{n_1^2}{n} = \dfrac{n_1 n_2}{n}$$

$$\sum_{i=1}^{n}(y_i - \hat{y}_i)^2 = \sum_{i=1}^{n}(y_i - \hat{\beta}_0 - \hat{\beta}_1 d)^2 = \sum_{i=1}^{n_1}(\xi_i - \hat{\beta}_0 - \hat{\beta}_1)^2 + \sum_{i=1}^{n_2}(\eta_i - \hat{\beta}_0)^2$$

$$= \sum_{i=1}^{n_1}(\xi_i - \overline{\xi})^2 + \sum_{i=1}^{n_2}(\eta_i - \overline{\eta})^2 = (n_1 - 1)S_1^2 + (n_2 - 1)S_2^2$$

根据上述公式，得到 t 与 T 是等价的，而且都服从自由度为 $n-2$ 的 t 分布。

题目可以假设检验 $H_0 : \mu_1 = \mu_2$

$n_1 = 6$，$n_2 = 6$，用 R 语言进行线性回归的结果为

$$\hat{y} = 13.85 + 0.06667d$$

计算得

$$t = \frac{\hat{\beta}_1}{se(\hat{\beta})} = \frac{0.06667}{0.18288} \approx 0.3646$$

由于 $t < 2.228$，所以接受原假设，即批器材的电阻均值相等。

3. 某厂生产的某种铝材的长度服从正态分布，其均值设定为 240 cm。现从该厂抽取 5 件产品，测得其长度（单位：cm）为

$$239.7,\ 239.6,\ 239,\ 240,\ 239.2$$

在 $\alpha = 0.05$ 的条件下，试判断该厂此类铝材的长度是否满足设定要求？

解：方法一：

由题意可知，本题是在 σ^2 未知的条件下，均值 μ 的假设检验问题：

$$H_0 : \mu = \mu_0 = 240, H_1 : \mu \neq \mu_0$$

在原假设 H_0 下，检验统计量

$$T = \frac{\overline{x} - \mu_0}{S/\sqrt{n}} \sim t(n-1)$$

当显著性水平为 $\alpha = 0.05$ 时，此检验的拒绝域为

$$|T| > t_{\alpha/2}(n-1)$$

其中 $t_{0.025}(4) = 2.776$，由样本得 $n = 5$，求得 $\overline{x} = 239.5, s = 0.4$。

$$|t| = \frac{240 - 239.5}{0.4/\sqrt{5}} = 2.795 > 2.776$$

所以拒绝原假设，即认为该厂生产的铝材的长度不满足设定要求。

方法二： p 值检验。

由 R 程序输出结果得 $t = 2.7951$，t 是服从自由度是 4 的 t 分布的随机变量，具体的 p 值是 $0.04906 < 0.05$，所以拒绝原假设，该厂生产的铝材长度不满足设定要求。

方法三： 设总体 $X \sim N(\mu, \sigma^2)$，其中 σ 未知。若提出假设 $H_0 : \mu = \mu_0, H_1 : \mu \neq \mu_0$，在 H_0 成立的前提下显然有 $\frac{\overline{x} - \mu_0}{s/\sqrt{n}} \sim t(n-1)$，其中 s 为样本标准差。于是在显著性水平 α 下，

$$P\left\{ \left| \frac{\overline{X} - \mu_0}{s/\sqrt{n}} \right| > t_{\alpha/2}(n-1) \right\} = \alpha。即当 \left| \frac{\overline{X} - \mu_0}{s/\sqrt{n}} \right| > t_{\alpha/2}(n-1) 真的发生时，拒绝 H_0，从而得到 \mu_0 > \overline{X} +$$

$t_{\alpha/2}(n-1)\dfrac{s}{\sqrt{n}}$ 或当 $\mu_0<\overline{X}-t_{\alpha/2}(n-1)\dfrac{s}{\sqrt{n}}$ 时，拒绝原假设 H_0，当 $\overline{X}-t_{\alpha/2}(n-1)\dfrac{s}{\sqrt{n}}\leqslant\mu_0\leqslant\overline{X}+t_{\alpha/2}(n-1)\dfrac{s}{\sqrt{n}}$ 时接受 H_0。不难看出，当接受 H_0 时 μ_0 所在的范围实际上是未知方差时总体均值在置信区间 $1-\alpha$ 下的置信区间，换句话说，只要 μ_0 在此置信区间以外就拒绝 H_0，否则就接受 H_0。双侧假设检验与区间估计有着密切联系。故提出假设：

$$H_0:\mu=\mu_0=240;H_1:\mu\neq\mu_0$$

由样本得 $n=5$，求得 $\overline{x}=239.5,s=0.4$。

$$\overline{x}+t_{\alpha/2}(4)\frac{s}{\sqrt{n}}=239.5+2.7764\frac{0.4}{\sqrt{5}}\approx239.997<240$$

所以拒绝原假设，即该厂生产的铝材的长度不满足设定要求。

---

4. 已知某种材料的抗压强度 $X\sim N(\mu,\sigma^2)$，现随机抽取 10 个试件进行抗压试验，测得数据如下：482，493，457，471，510，446，435，418，394，469。求平均抗压强度 μ 的置信水平为 95% 的置信区间。

解：方法一：

未知 σ^2，估计 μ，选取枢轴量 $T=\dfrac{\overline{X}-\mu}{s/\sqrt{n}}\sim t(n-1)$。置信区间为 $\left[\overline{X}\pm t_{1-\alpha/2}(n-1)\dfrac{s}{\sqrt{n}}\right]$。

置信度 $1-\alpha=0.95$，$n=10$，$t_{1-\alpha/2}(n-1)=t_{0.975}(9)=2.2622$，$\overline{X}=457.5,s=35.2176$。

故 μ 的 95% 置信区间 $\left[\overline{X}\pm t_{1-\alpha/2}(n-1)\dfrac{s}{\sqrt{n}}\right]=\left[457.5\pm2.2622\times\dfrac{35.2176}{\sqrt{10}}\right]=[432.3064,482.6936]$

方法二：

将本题拓展为 σ^2 已知时的情形。设 $\sigma=30$，在这种情况下，由于 μ 的点估计为 $\overline{X}$，其分布为 $N\left(\mu,\dfrac{\sigma^2}{n}\right)$，因此枢轴量可以选为 $G=\dfrac{\overline{X}-\mu}{\sigma/\sqrt{n}}\sim N(0,1)$，$c$ 和 d 应满足 $P(c\leqslant G\leqslant d)=\varphi(d)-\varphi(c)=1-\alpha$，经过不等式变形可得 $p_\mu(\overline{X}-d\sigma/\sqrt{n}\leqslant\mu\leqslant\overline{X}-c\sigma/\sqrt{n})=1-\alpha$。当 $d=u_{1-\alpha/2},c=-u_{1-\alpha/2}$ 时，$d-c$ 达到最小。$u_{1-\alpha/2}=u_{0.975}=1.96$，$\overline{X}=457.5$，所以 μ 的 95% 置信区间为 $\left[\overline{X}\pm\dfrac{\mu_{1-\alpha/2}\sigma}{\sqrt{n}}\right]=\left[457.5\pm1.96\times\dfrac{30}{\sqrt{10}}\right]=[438.91,476.09]$

方法三：将本题拓展为求 σ^2 的置信区间的情形。设 μ 已知，由已知定理可得 $\dfrac{(n-1)s^2}{\sigma^2}\sim x^2(n-1)$。寻找等尾置信区间：把 α 平分为两部分，在 x^2 分布两侧各截面积 $\alpha/2$ 的部分，即 $p\left(x_{\alpha/2}^2\leqslant\dfrac{(n-1)s^2}{\sigma^2}\leqslant x_{1-\alpha/2}^2\right)$。$x_{\alpha/2}^2(n-1)=x_{0.025}^2(9)=2.70$，$x_{1-\alpha/2}^2(n-1)=x_{0.975}^2(9)=19.02$，$s=35.218$。所以 σ^2 的 0.95 置信区间为 $\left[\dfrac{(n-1)s^2}{x_{1-\alpha/2}^2(n-1)},\dfrac{(n-1)s^2}{x_{\alpha/2}^2(n-1)}\right]=[586.796,4133.647]$

5. 当收割机正常工作时，切割出的每段金属棒长 X 是服从正态分布的随机变量，即总体 $X \sim N(\mu, \sigma^2)$，$\mu = 10.5 \, \text{cm}$，$\sigma = 0.15 \, \text{cm}$，今从生产出的一批产品中随机地抽取 15 段进行测量，测得长度如下：

10.4，10.6，10.1，10.4，10.5，10.3，10.3，10.2，10.9，10.6，10.8，10.5，10.7，10.2，10.7

试问该切割机工作是否正常（取显著性水平 $\alpha = 0.05$）？

解：**方法一**：用方差已知时正态总体均值的 μ 检验。

建立假设：$H_0: \mu = 10.5$；$H_1: \mu \neq 10.5$

检验统计量为

$$U = \frac{\bar{x} - \mu_0}{\sigma / \sqrt{n}}$$

已知 $n = 15$，$\bar{x} = (10.4 + 10.6 + \cdots + 10.7)/15 = 10.48$，$\sigma = 0.15$，$\alpha = 0.05$

$$|\mu| = \left| \frac{\bar{x} - \mu_0}{\frac{\sigma}{\sqrt{n}}} \right| > u_{0.025} = 1.96$$

$$|\mu| = 0.516 < 1.96$$

U 的观测值落在拒绝域之外，所以在 $\alpha = 0.05$ 下不拒绝原假设 H_0。

方法二：利用 p 值检验。

在一个假设检验问题中，利用样本观测值能够作出拒绝原假设的最小显著性水平称为检验的 p 值。

如果 $\alpha \geq p$，则在显著性水平 α 下拒绝 H_0。

如果 $\alpha \leq p$，则在显著性水平 α 下接受 H_0。

在 μ 检验方差已知的双侧检验问题中，

$$P = 2(1 - \Phi(0.516)) = 0.606 > 0.05$$

故接受原假设。

方法三：利用区间估计进行假设检验。

区间估计是通过样本观察值来估计总体参数的置信区间的方法，依据样本值求出总体参数为多少。而假设检验仍以样本资料为依据，但需以一定的置信概率判断总体参数是否等于已知值。对于正态总体均值的推断，无论是假设检验还是区间估计，所依据的枢轴量都是服从标准正态分布的枢轴量 U，而且最后都归结为估计置信区间。

用统计量 $\bar{X}$ 对 H_0 可作出判断：

当 $\bar{X} \in \left(\mu_0 - \frac{U_{\frac{\alpha}{2}} \sigma}{\sqrt{n}}, \mu_0 + \frac{U_{\frac{\alpha}{2}} \sigma}{\sqrt{n}} \right)$ 时，接受 H_0，否则拒绝 H_0。

根据样本作出区间估计

$$P\left(\bar{X} - \frac{U_{\frac{\alpha}{2}} \sigma}{\sqrt{n}} < \mu < \bar{X} + \frac{U_{\frac{\alpha}{2}} \sigma}{\sqrt{n}} \right) = 1 - \alpha = 99.5\%$$

$P(10.40 < \mu < 10.56)$ 包含 10.5，故 $\mu = 10.5$ 的命题成立。

综上所述，该切割机工作正常。

6. 为比较两种玉米品种，选择 18 块条件相似的试验田，采用相同的耕作方法，结果播种甲品种的八块试验田的单位面积产量和播种乙品种的 10 块试验田的单位面积产量分别如下：

甲品种：580，615，602，598，530，624，555，576

乙品种：534，432，398，476，565，480，488，542，506，428

假定每个品种的单位面积产量均服从正态分布，试求这两个品种平均单位面积产量差的置信区间（取 $\alpha = 0.05$）。

解：方法一（轴量法）：

以 $x_1, \cdots, x_8$ 记甲品种的单位面积产量，以 $y_1, \cdots, y_{10}$ 记乙品种的单位面积产量，由样本数据可计算得到

$$\bar{x} = 585 \qquad s_x^2 = 767.78 \qquad m = 8$$
$$\bar{y} = 484.9 \qquad s_y^2 = 2384.81 \qquad n = 10$$

（1）若已知两个品种单位面积产量的标准差相等，则可以采用二样本 t 区间，此处

$$s_w = \sqrt{\frac{(m-1)s_x^2 + (n-1)s_y^2}{m+n-2}} = \sqrt{\frac{7 \times 767.78 + 9 \times 2384.81}{16}} = 40.956$$

$$t_{1-\frac{\alpha}{2}}(m+n-2) = t_{0.975}(16) = 2.1199$$

$$t_{1-\frac{\alpha}{2}}(m+n-2)s_w\sqrt{\frac{1}{m} + \frac{1}{n}} = 2.1199 \times 40.956 \times \sqrt{\frac{1}{8} + 1/10} = 40.419$$

故 $\mu_1 - \mu_2$ 的 0.975 的置信区间为 $585 - 484.9 \pm 40.419 = (59.681, 140.519)$。

（2）若两个品种的单位面积产量的方差不等，则可采用近似 t 区间，此处

$$s_0^2 = 767.78/8 + 2384.81/10 = 334.4535$$

$$s_0 = 18.29$$

$$l = \frac{334.4535^2}{\dfrac{767.78^2}{8^2 \times 7} + \dfrac{2384.81^2}{10^2 \times 9}} = 14.65$$

$$s_0 \times t_{0.975}(l) = 18.29 \times 2.1314 = 38.98$$

于是 $\mu_1 - \mu_2$ 的 0.975 的置信区间为 $585 - 484.9 \pm 38.98 = (61.62, 139.08)$。

方法二（贝叶斯统计）：

$(v_1 + v_2)s^2 = v_1 s_x^2 + v_2 s_y^2$，$s_y^2 = \sum \dfrac{(y_i - \bar{y})^2}{m-1}$，$s_x^2 = \sum \dfrac{(x_i - \bar{x})^2}{n-1}$，

$$h(\theta | X, Y,) \propto \left[1 + \frac{mn}{m+n}\left(\frac{\theta - (\bar{x} - \bar{y})}{s}\right)^2 \frac{1}{v_1 + v_2}\right]^{-\frac{v+1}{2}}$$

$v = v_1 + v_2 = m + n - 2$

取 $t = \dfrac{\theta - (\bar{x} - \bar{y})}{s}\sqrt{\dfrac{mn}{m+n}}$，由 $P\{|t| < t_{1-\alpha/2}\} = 1 - \alpha$，

置换后 $P\left\{\left|\dfrac{\theta-(\bar{x}-\bar{y})}{s}\right|\sqrt{\dfrac{mn}{m+n}}<t_{1-\alpha/2}\right\}=1-\alpha$。

故 $\mu_1-\mu_2$ 的后验概率为 $1-\alpha$ 的贝叶斯区间估计为

$$\left(\bar{x}-\bar{y}-t_{1-\frac{\alpha}{2}}s\sqrt{\dfrac{mn}{m+n}},\bar{x}-\bar{y}+t_{1-\frac{\alpha}{2}}s\sqrt{\dfrac{mn}{m+n}}\right)$$

将数值代入可得

$$\left(585-484.9-2.1199\times40.956\times\sqrt{\dfrac{80}{18}},585-484.9-2.1199\times40.956\times\sqrt{\dfrac{80}{18}}\right)$$

$$=(59.681,140.519)$$

📝 **7.** 设 $x_1,\cdots,x_n$ 是来自均匀总体 $U(0,\theta)$ 的一个样本，试对给定的 $\alpha(0<\alpha<1)$ 给出 θ 的 $1-\alpha$ 同等置信区间。

解：方法一（枢轴量法）：

枢轴量法分三步进行。

(1) θ 的最大似然估计为样本的最大次序统计量 $x_{(n)}$，$x_{(n)}/\theta$ 的密度函数为

$$p(y;\theta)=ny^{n-1},\quad 0<y<1$$

它与参数 θ 无关，可选 $x_{(n)}/\theta$ 为枢轴量 G。

(2) 由于 $x_{(n)}/\theta$ 的分布函数为 $F(y)=y^n$，$0<y<1$，故 $P(c\leqslant x(n)/\theta\leqslant d)=d^n-c^n$，因此我们可以选择适当的 c 和 d 满足

$$d^n-c^n=1-\alpha$$

(3) 利用不等式变形可以容易地给出 θ 的 $1-\alpha$ 同等置信区间为 $(x_{(n)}/d,x_{(n)}/c)$，区间的平均长度为 $(1/c-1/d)Ex_{(n)}$，不难看出，在 $0\leqslant c<d\leqslant1$ 及 $d^n-c^n=1-\alpha$ 的条件下，当 $d=1$，$c=\sqrt[n]{\alpha}$ 时，$1/c-1/d$ 取最小值，这说明 $(x_{(n)},x_{(n)}/\sqrt[n]{\alpha})$ 是 θ 的此类区间估计中置信水平为 $1-\alpha$ 的最短置信区间。

方法二（极大似然估计法）：

因为 $x_i\sim U(0,\theta)$，所以似然函数函数 L 为

$$L(\theta;x_1,\cdots,x_n)=1/\theta^n$$

可知 θ 是似然函数 L 的单调递减函数且 $x_i\leqslant\theta$，最大次序统计量 $x_{(n)}$ 为 θ 的最大似然估计。设 $\theta\leqslant15$，由 $\Theta=X_{(n)}$，则 Θ 的密度函数为：$p(\theta)=n\theta^{n-1}/\hat{\theta}^n(0<\theta<\hat{\theta})$

因此 θ 的条件分布函数为 $G(\theta|\theta\in\Omega)=P(\Theta\leqslant\theta|\theta\leqslant15)=P(\Theta\leqslant\theta\cap\theta\leqslant15)/P(\theta\leqslant15)=$

$\theta_1/\displaystyle\int_0^{15}\dfrac{nt^{n-1}}{\theta^n}\mathrm{d}t=\left(\dfrac{\theta}{15}\right)^n$

在给定 α_1，α_2 $(0<\alpha_1<\alpha,0<\alpha_2<\alpha)$ 且 $\alpha_1+\alpha_2=\alpha$ 的条件下 θ 的 $1-\alpha$ 区间估计为 (θ_1,θ_2)。其中 θ_1，θ_2 由下式决定

$$G(\theta_1|\theta\in\Omega^*)=\left(\dfrac{\theta_1}{15}\right)^n=\alpha_1$$

$$G(\theta_2|\theta\in\Omega^*)=\left(\dfrac{\theta_2}{15}\right)^n=\alpha_2$$

当 $\alpha_1=0.025$，$\alpha_2=0.975$，$n=10$，$\overline{X}=8$ 时，可求出 $(\theta_1,\theta_2)=(10.373,14.962)\in\Omega^*$

✍ 8. 有一种电子元件，要求其使用寿命不得低于 1 000 h，现抽取 25 件，测得其均值为 950 h。已知该种元件的寿命服从正态分布，并且已知 $\sigma=100$，问在 $\alpha=0.05$ 下，这批元件是否合格？

解：方法一（用统计量计算）：

本题的检验假设为：$\qquad H_0:\mu\geq 1\,000$；$\qquad H_1:\mu<1\,000$

因为方差 σ^2 已知，所以选择 Z 统计量 $Z=\dfrac{\overline{X}-\mu_0}{\sigma/\sqrt{n}}$

现已经知道，$n=25$，$\overline{X}=950$，$\sigma=100$，$\alpha=0.05$

计算得到 Z 的观测值 $\qquad z=\dfrac{950-1\,000}{100/\sqrt{25}}=-2.5$

而由于拒绝域为 $z\leq -z_\alpha$，其中 $-z_{0.05}=-1.645$（查表可得）

所以 $-2.5<-1.645$ 落在拒绝域内。

故应该拒绝原假设 H_0，所以认为这批元件不合格。

方法二（用 P 值检验）：

检验假设和统计量同上，不同的处理在于最后关于拒绝域的说明。

已知，样本均值 $\qquad\qquad \overline{x}\sim N\left(\mu,\dfrac{\sigma^2}{n}\right)$

那么原假设成立时，统计量 Z 服从单位正态分布，即

$$Z=\frac{\overline{X}-\mu_0}{\sigma/\sqrt{n}}\sim N(0,1)$$

所以最后计算出观测值 $z=-2.5$ 后，通过计算概率

$$P(Z\leq z)=\Phi(-2.5)=1-\Phi(2.5)=0.006\,2$$

可见 $\alpha=0.05>0.006\,2$，即 $Z\leq z$ 是一个不能发生的事件。

所以拒绝原假设，即认为这批产品不合格。

方法三（置信区间的计算）：

已知样本均值 $\overline{X}=950$，那么其置信区间就是 $\mu\geq 1\,000$ 时，其均值必定大于某一个数，否则就应该拒绝原假设。那么接受域就是

$$\overline{X}>\mu-z_{0.05}\frac{100}{\sqrt{25}}=967.1$$

而在本题中，$950<967.1$ 超出此区间，落在拒绝域内，所以认为这批产品不合格。即 μ 达到 1 000 时得到均值 950 的概率小于 0.05。

✍ 9. 检验一批保险丝，抽取 10 根在通过强电流后融化所需的时间，为：42，65，75，78，59，71，57，68，54，55，可以认为融化所需时间服从正态分布，那么能否认为融化时间的方差不超过 80（$\alpha=0.05$）？

方法一（计算统计量）：

本题是均值未知时的方差的假设检验，原假设为 $H_0:\sigma^2\leq 80$；$H_1:\sigma^2>80$

取检验统计量
$$\chi^2 = \frac{(n-1)S^2}{\sigma_0^2}$$

已知，$n=10$，计算得到 $s^2=121.81$，代入计算得到观测值为
$$\chi^2 = \frac{9\times121.81}{80} = 13.703$$

而拒绝域为
$$\chi^2 \geqslant \chi_\alpha^2(n-1)$$

查表可知 $\chi_{0.05}^2(10-1)=16.919$。

故接受原假设，认为方差不超过80。

方法二（P值检验）：

由方法1知，样本观测值
$$\chi^2 = \frac{9\times121.81}{80} = 13.703$$

则
$$P(\chi^2(9)\leqslant13.703)) = 0.86$$

故该题中
$$p=1-P=0.14>0.05$$

故原假设下这个结果可能出现，接受原假设，认为方差不超过80。

方法三（利用单侧置信区间来判断）：

本题是一个右侧检验，推断当样本标准差过大时，就要拒绝原假设，

则拒绝域形式为
$$s^2 \geqslant C$$

现在就要确定一个 C 满足条件：

$$P\{拒绝H_0|H_0\text{为真}\} = P_{\sigma^2\leqslant80}(s^2\geqslant C)$$

$$= P_{\sigma^2\leqslant80}\left\{\frac{(n-1)s^2}{80}\geqslant\frac{(n-1)C}{80}\right\}\leqslant P_{\sigma^2\leqslant80}\left\{\frac{(n-1)s^2}{\sigma^2}\geqslant\frac{(n-1)C}{80}\right\}$$

现在，令上式右端等于 α，

$$\chi^2(n-1)\sim\frac{(n-1)S^2}{\sigma^2}$$

所以
$$C = \frac{80}{(n-1)}\chi_\alpha^2(n-1)$$

利用拒绝域：
$$s^2 \geqslant \frac{80}{(n-1)}\chi_\alpha^2(n-1)$$

$$\chi^2 = \frac{(n-1)S^2}{80}\geqslant\chi_\alpha^2(n-1)$$

代入数字计算得：$s^2\geqslant150.39$。

现在已知 $s^2=121.81$，不在此拒绝域内，故应该接受原假设。

10. 研制出某种病的有效药品，现有两批此种药品 A、B，但它们有比较明显的副作用，且副作用的大小与某种元素的含量有关，规定其含量不能高于 3.4%。设该元素在这两批药品的含量都服从标准差为 $\sigma_1=0.3$ 的正态分布。设这两批药品中这种元素的含量分别为 X_1、X_2，现有随机抽样得到的数据如下：

$X_1(\%)$ 为：3.2, 3.4, 3.5, 3.6, 3.7, 4.0

$X_2(\%)$ 为：3.3, 3.4, 3.4, 3.3, 3.7, 3.8

（1）试问这批药品是否可用？

（2）在 $W=\{\overline{X}>3.6\}$ 时，样本量至少为多少时才能使犯第二类错误的概率 $\beta\leqslant0.025$

（3）如果要使犯第一类、第二类错误的概率分别为 $\alpha\leqslant0.05$，$\beta\leqslant0.025$，样本量 n 最小应取多少？拒绝域是什么？

解：（1）检验模型为 $H_0:\mu\leqslant\mu_0=3.4$；$H_1:\mu>\mu_0=3.4$。

设 $\mu>3.4$ 中应回避的值为 $\mu_1=3.7$。

方法一： 使用传统方法选定 $\alpha=0.05$，有

$$\alpha=P(T\in w\mid\mu=3.4)=p(\overline{X}>\overline{X}_0\mid\mu=3.4),$$

$\dfrac{\overline{X}_0-3.4}{\sigma/\sqrt{n}}=U_\alpha$，其中，$U_\alpha$ 为 $N(0,1)$ 分布的上侧 α 分位数，$\overline{X}_0$ 为拒绝域 W 的端点。

查表得：$U_\alpha=1.645$，得 $\overline{X}_0=3.6$

所以 $W=\{\overline{X}>3.6\}$。

由样本观测值算出：$\overline{X}_1=3.57<\overline{X}_0=3.6$，$\overline{X}_2=3.48<\overline{X}_0=3.6$

结论：样本 X_1 不落入拒绝域，即认为 A 药可以使用。

样本 X_2 不落入拒绝域，即认为 B 药可以使用。

此时对于第二类错误：设 $\mu_1>3.4$ 中应回避的值为 3.7，有

$$\beta=P(T\notin W\mid\mu=3.7)=P(\overline{X}<\overline{X}_0\mid\mu=3.7)$$

$$=\frac{1}{\sqrt{2\pi}}\int_{-\infty}^{\frac{\overline{X}_0-\mu_1}{\frac{\sigma}{\sqrt{n}}}}e^{\frac{-t^2}{2}}dt=\frac{1}{\sqrt{2\pi}}\int_{-\infty}^{-0.82}e^{\frac{-t^2}{2}}dt$$

$$=\Phi\left(\frac{\overline{X}_0-\mu_1}{\frac{\sigma}{\sqrt{n}}}\right)\approx0.2016$$

方法二： 由于在这个问题中犯第二类错误后果严重，所以若先考虑 β 设给定 $\beta=0.05$，则

$$\beta=P(T\notin W\mid\mu=3.7)=P(\overline{X}<\overline{X}_0\mid\mu=3.7)$$

$\dfrac{\overline{X}_0-3.7}{\sigma/\sqrt{n}}=-U_\beta$，其中，$U_\beta$ 为 $N(0,1)$ 分布的上侧 β 分位数，$\overline{X}_0$ 为拒绝域 W 的端点。

得 $\overline{X}_0=3.5$。

所以 $W=\{\overline{X}>3.5\}$。

由样本观测值算出 $\overline{X}=3.57>\overline{X}_0=3.5$，$\overline{X}_2=3.48<\overline{X}_0=3.5$。

结论：样本 X_1 落入拒绝域，即认为 A 药不可以使用。

样本 X_2 不落入拒绝域，即认为 B 药可以使用。

此时对于第一类错误，

$$\alpha = P(T \in w \mid \mu = 3.4) = P(\overline{X} > \overline{X}_0 \mid \mu = 3.4) = \frac{1}{\sqrt{2\pi}} \int_{\frac{\overline{x}_0 - \mu_0}{\frac{\sigma}{\sqrt{n}}}}^{+\infty} e^{\frac{-t^2}{2}} dt$$

$$= \frac{1}{\sqrt{2\pi}} \int_{0.82}^{+\infty} e^{\frac{-t^2}{2}} dt = 1 - \Phi\left(\frac{\overline{X}_0 - \mu_0}{\frac{\sigma}{\sqrt{n}}}\right) \approx 0.2061$$

(2) $\beta = P(T \notin W \mid \mu = 3.7) = P(\overline{X} < \overline{X}_0 \mid \mu = 3.7) = \frac{1}{\sqrt{2\pi}} \int_{-\infty}^{\frac{\overline{x}_0 - \mu_1}{\frac{\sigma}{\sqrt{n}}}} e^{\frac{-t^2}{2}} dt = \Phi\left(\frac{\overline{X}_0 - \mu_1}{\frac{\sigma}{\sqrt{n}}}\right) \leq 0.025$

查表得 $\dfrac{\overline{X}_0 - \mu_1}{\frac{\sigma}{\sqrt{n}}} \leq -1.96$，所以 $n \geq 34.57$。

所以最少应该有 35 个样本。

(3) 设 $\mu_1 > 3.4$ 中应回避的值为 3.7，则

$$\alpha = P(T \in w \mid \mu = 3.4) = p(\overline{X} > \overline{X}_0 \mid \mu = 3.4), \quad \beta = P(T \notin W \mid \mu = 3.7) = P(\overline{X} < \overline{X}_0 \mid \mu = 3.7)$$

由
$$\frac{\overline{X}_0 - 3.4}{\sigma / \sqrt{n}} = U_\alpha, \quad \frac{\overline{X}_0 - 3.7}{\sigma / \sqrt{n}} = -U_\beta$$

得
$$n = \frac{(U_\alpha + U_\beta)^2 \sigma^2}{(\mu_1 - \mu_0)^2}$$

所以
$$n_{\min} = \frac{(U_{0.05} + U_{0.025})^2 \, 0.3^2}{(3.7 - 3.4)^2} = 12.995$$

所以最少应取 13 个样本

$$\overline{X}_0 = \frac{1}{2}\left[\mu_1 + \mu_0 + \frac{\sigma}{\sqrt{n}}(U_\alpha - U_\beta)\right] = 3.56,$$

所以
$$W = \{\overline{X} > 3.56\}$$

11. 某一工厂元件平均使用寿命为 1 200 h（偏低），现厂里进行技术革新，革新后任选 8 个元件进行寿命试验，测得寿命数据如下：

2 686，2 001，2 082，792，1 660，4 105，1 416，2 089

假定元件服从指数分布，取 $\alpha = 0.05$，问革新后元件的平均寿命是否有明显提高？

解：方法一：首先确定需要检验的假设问题：

$$H_0: \theta \leq 1\,200; \; H_1: \theta > 1\,200$$

选择检验统计量为
$$\frac{2n\overline{x}}{\theta_0} = \frac{16\overline{x}}{1\,200} \sim \chi^2(16)$$

确定拒绝域形式为 $W = \{\overline{x} \geq c\}$。

$$P\left(\frac{16\overline{x}}{1\,200} \geq \frac{16c}{1\,200}\right) = 0.05$$

$\therefore \dfrac{16c}{1\,200} = \chi^2_{0.95}(16)$ 查表知：$\chi^2_{0.95}(16) = 26.296\,2$

$\therefore W = \left\{ \dfrac{16\bar{x}}{1\,200} \geq 26.296\,2 \right\} = \{\bar{x} \geq 1\,972.215\}$

由于 $\bar{X} = 2\,103.875 > 1\,972.215$，故拒绝原假设，认为革新后元件平均寿命有明显提高。

方法二：假设检验问题同方法一，改变检验统计量为 $\dfrac{x_{(1)}}{\theta_0}$，则

$$H_0 : \theta \leq 1\,200; \quad H_1 : \theta > 1\,200$$

选择检验统计量

$$\frac{x_{(1)}}{\theta_0} = \frac{x_{(1)}}{1\,200} \sim E(8)$$

确定拒绝域形式为

$$W = \left\{ \frac{x_{(1)}}{\theta_0} \geq c \right\}$$

$P\left(\dfrac{x_{(1)}}{1\,200} \geq c \right) = 0.05$，即

$$P\left(\frac{x_{(1)}}{1\,200} \leq c \right) = 0.95$$

$$\int_0^c 8e^{-8x} \mathrm{d}x = 0.95$$

$$c = \frac{-\ln 0.05}{8} = 0.374$$

由于 $\dfrac{x_{(1)}}{1\,200} = 0.66 > c$，故拒绝原假设。

方法三：检验问题不变，检验统计量为 $\dfrac{x_{(1)}}{1\,200}$，利用 p 值判断是否拒绝原假设。

由样本得，$\dfrac{x_{(1)}}{1\,200} = 0.66$

计算 $P\left(\dfrac{x_{(1)}}{1\,200} > 0.66 \right) = 1 - P\left(\dfrac{x_{(1)}}{1\,200} \leq 0.66 \right) = 1 - \int_0^{0.66} 8e^{-8x} \mathrm{d}x = 0.005\,09 = p$

$\because \alpha = 0.05 > 0.005\,09 = p$

$\therefore$ 拒绝原假设

方法四：改变检验问题，将原假设与备择假设对换，即建立如下一对新的检验假设：

$$H_0' : \theta \geq 1\,200; \quad H_1' : \theta < 1\,200$$

选择检验统计量为

$$\frac{2n\bar{x}}{\theta_0} = \frac{16\bar{x}}{1\,200} \sim \chi^2(16)$$

确定拒绝域形式为

$$W = \{\bar{x} \leq c\}$$

$$P\left(\frac{16\bar{x}}{1\,200} \leq \frac{16c}{1\,200} \right) = 0.05$$

$\dfrac{16c}{1\,200} = \chi^2_{0.05}(16)$ 查表知： $\chi^2_{0.05}(16) = 7.961\,6$

拒绝域为

$$W = \left\{ \frac{16\bar{x}}{1\,200} \leq 7.961\,6 \right\}$$

由样本知：
$$\frac{16\bar{x}}{1\,200} = 28.051\,7 > 7.961\,6$$

∴ 接受原假设，认为革新后元件平均寿命有明显提高。

---

12. 设从总体 $X \sim N(\mu_1, \sigma_1^2)$ 和总体 $Y \sim N(\mu_2, \sigma_2^2)$ 中分别抽取容量为 $n_1 = 10$，$n_2 = 15$ 的独立样本，可计算得 $\bar{x} = 82$，$s_x^2 = 56.5$，$\bar{y} = 76$，$s_y^2 = 52.4$。若已知 $\sigma_1^2 = \sigma_2^2$，求 $\mu_1 - \mu_2$ 的置信水平为 95% 的置信区间。

解：方法一： 未知 σ_1^2，σ_2^2，但 $\sigma_1^2 = \sigma_2^2$，要估计 $\mu_1 - \mu_2$。

选取枢轴量
$$T = \frac{(\bar{X} - \bar{Y}) - (\mu_1 - \mu_2)}{S_w \sqrt{\dfrac{1}{n_1} + \dfrac{1}{n_2}}} \sim t(n_1 + n_2 - 2)$$

置信区间为
$$\left[\bar{X} - \bar{Y} \pm t_{1-\frac{\alpha}{2}}(n_1 + n_2 - 2) \times S_w \sqrt{\frac{1}{n_1} + \frac{1}{n_2}} \right]$$

置信度 $1 - \alpha = 0.95$，$n_1 = 10$，$n_2 = 15$，$t_{1-\frac{\alpha}{2}}(n_1 + n_2 - 2) = t_{0.975}(23) = 2.068\,7$，$\bar{x} = 82$，$s_x^2 = 56.5$，$\bar{y} = 76$，$s_y^2 = 52.4$，有 $S_w = \sqrt{\dfrac{9 \times 56.5 + 14 \times 52.4}{23}} = 7.348\,8$

故 $\mu_1 - \mu_2$ 的置信水平为 95% 的置信区间为
$$\left[\bar{x} - \bar{y} \pm t_{1-\frac{\alpha}{2}}(n_1 + n_2 - 2) \cdot S_w \sqrt{\frac{1}{n_1} + \frac{1}{n_2}} \right] = \left[82 - 76 \pm 2.068\,7 \times 7.348\,8 \times \sqrt{\frac{1}{10} + \frac{1}{15}} \right] = [-0.206\,3, 12.206\,3]$$

方法二： 未知 σ_1^2，σ_2^2，但 $\sigma_1^2 = \sigma_2^2$，要估计 $\mu_1 - \mu_2$。

选取枢轴量
$$F = \frac{[(\bar{X} - \bar{Y}) - (\mu_1 - \mu_2)]^2}{S_w^2 \left(\dfrac{1}{n_1} + \dfrac{1}{n_2} \right)} \sim F(1, n_1 + n_2 - 2)$$

置信区间为
$$\left(\bar{X} - \bar{Y} - F_\alpha(1, n_1 + n_2 - 2)^{\wedge}\left(\frac{1}{2}\right) \times S_w \sqrt{\frac{1}{n_1} + \frac{1}{n_2}}, \ \bar{X} - \bar{Y} - F_\alpha(1, n_1 + n_2 - 2)^{\wedge}\left(\frac{1}{2}\right) \times S_w \sqrt{\frac{1}{n_1} + \frac{1}{n_2}} \right)$$

置信度 $1 - \alpha = 0.95$，$n_1 = 10$，$n_2 = 15$，$F_\alpha(1, n_1 + n_2 - 2) = F_{0.05}(1, 23) = 4.279\,3$

$\bar{x} = 82$，$s_x^2 = 56.5$，$\bar{y} = 76$，$s_y^2 = 52.4$，有 $S_w = \sqrt{\dfrac{9 \times 56.5 + 14 \times 52.4}{23}} = 7.348\,8$

故 $\mu_1 - \mu_2$ 的置信水平为 95% 的置信区间为 $(-0.206\,3, 12.206\,37)$。

---

13. 设总体为均匀分布 $U(0, \theta)$，$x_1, x_2, \cdots, x_n$ 是样本，考虑检验问题
$$H_0: \theta \geqslant 3; \quad H_1: \theta < 3$$

拒绝域为 $W = \{x_{(n)} \leqslant 2.5\}$，求检验犯第一类错误的最大值 α。若要使该最大值 α 不超过 0.05，n 至少应取多大？

解：方法一：

考虑假设检验问题

$$H_0:\theta\geqslant 3;\quad H_1:\theta<3$$

拒绝域为
$$W=\{x_{(n)}\leqslant 2.5\}$$

① 首先有已知结论如下：

设 $X_1,X_2,\cdots,X_n$ 是来自 $U(0,1)$ 的简单随机样本，则
$$X_{(i)}\sim B(i,n-i+1)$$

其中 $\beta(a,b)$ 分布的概率密度函数为
$$p(x)=\frac{\Gamma(a+b)}{\Gamma(a)\Gamma(b)}x^{a-1}(1-x)^{b-1},\ 0\leqslant x\leqslant 1$$

② 回到原题，令 $Y=\dfrac{X}{\theta}$，已知 $X\sim U(0,\theta)$，则有 $Y\sim U(0,1)$，$Y_{(n)}\sim B(n,1)$

其中 $\beta(n,1)$ 的概率密度函数为
$$f(y)=\frac{\Gamma(n+1)}{\Gamma(n)\Gamma(1)}y^{n-1}=\frac{n!}{(n-1)!}y^{n-1}=n\,y^{n-1},\ 0\leqslant y\leqslant 1$$

分布函数为
$$F(y)=\int_0^y nt^{n-1}\mathrm{d}t=y^n,\ 0\leqslant y\leqslant 1$$

取检验统计量为 $Y_{(n)}$，故犯第一类错误的概率为
$$\begin{aligned}\alpha(\theta)&=P(X_{(n)}\leqslant 2.5\,|H_0)\\&=P\left(\frac{x_{(n)}}{\theta}\leqslant\frac{2.5}{\theta}\Big|H_0\right)\\&=P\left(Y_{(n)}\leqslant\frac{2.5}{\theta}\Big|H_0\right)\\&=F_{Y_{(n)}}\left(\frac{2.5}{\theta}\right)=\left(\frac{2.5}{\theta}\right)^n\end{aligned}$$

它是 θ 的严格单调递减函数，故其最大值在 $\theta=3$ 处达到，即
$$\alpha=\alpha(3)=\left(\frac{2.5}{3}\right)^n$$

若要使得 $\alpha(3)\leqslant 0.05$，则要求 $n\ln\left(\dfrac{2.5}{3}\right)\leqslant\ln 0.05$，这给出 $n\geqslant 16.43$，即 n 至少为 17。

方法二：① 首先由定义可直接推导最大次序统计量的分布函数如下：

设 $X_1,X_2,\cdots,X_n$ 是相互独立的 n 个随机变量，它们共同分布函数为 $F(x)$，$F_n(x)$ 表示最大次序统计量 $X_{(n)}$ 的分布函数
$$F_n(x)=P(X_{(n)}\leqslant x)=P(\max(X_1,X_2,\cdots,X_n)\leqslant x)$$
其中事件 "$\max(X_1,X_2,\cdots,X_n)\leqslant x$" 等价于事件 "$(X_1\leqslant x,X_2\leqslant x,\cdots,X_n\leqslant x)$"，再考虑到独立性，可得
$$\begin{aligned}F_n(x)&=P(X_1\leqslant x,X_2\leqslant x,\cdots,X_n\leqslant x)\\&=P(X_1\leqslant x)P(X_2\leqslant x)\cdots P(X_n\leqslant x)\\&=[F(x)]^n\end{aligned}$$

② 回到原题，有 $F(x)\begin{cases}0, & x\leq 0\\\dfrac{x}{\theta}, & 0<x<\theta\\1, & x\geq\theta\end{cases}$，得到犯第一类错误的概率为

$$\alpha(\theta)=P(X_{(n)}\leq 2.5\,|\,H_0)$$
$$=P(\max(X_1,X_2,\cdots,X_n)\leq 2.5)$$
$$=P(X_1\leq 2.5)P(X_2\leq 2.5)\cdots P(X_n\leq 2.5)$$
$$=P(X\leq 2.5)^n$$
$$=[F(x)]^n=\left(\frac{2.5}{\theta}\right)^n$$

它是 θ 的严格单调递减函数，故其最大值在 $\theta=3$ 处达到，即

$$\alpha=\alpha(3)=\left(\frac{2.5}{3}\right)^n$$

若要使得 $\alpha(3)\leq 0.05$，则要求 $n\ln\left(\dfrac{2.5}{3}\right)\leq\ln 0.05$，这给出 $n\geq 16.43$，即 n 至少为 17。

方法三：① 首先求单个次序统计量 $x_{(k)}$ 的密度函数。

设 $X_1,X_2,\cdots,X_n$ 是相互独立的 n 个随机变量，它们共同分布函数为 $F(x)$，考虑第 k 个次序统计量 $X_{(k)}$ 落在无穷小区间 $(x,x+\Delta x]$ 内这一事件，它等价于"容量为 n 的样本中有 $k-1$ 个分量小于或等于 x，1 个分量落在 $(x,x+\Delta x]$ 内，余下的 $n-k$ 个分量均大于 $x+\Delta x$"。

其中

$$P(X_{(k)}\leq x)=F(x)$$
$$P(X_{(k)}>x+\Delta x)=1-F(x+\Delta x)$$
$$P(x<X_{(k)}\leq x+\Delta x)=F(x+\Delta x)-F(x)$$

将 n 个分量分成这样的三组共有 $\dfrac{n!}{(k-1)!\,(n-k)!}$ 种，若以 $F_k(x)$ 记 $X_{(k)}$ 的分布函数，那么

$$P(x<X_{(k)}\leq x+\Delta x)=F(x+\Delta x)-F(x)$$
$$=\frac{n!}{(k-1)!(n-k)!}[F(x)]^{k-1}[F(x+\Delta x)-F(x)][1-F(x+\Delta x)]^{n-k}$$

两边同除 Δx，并令 $\Delta x\to 0$，则有

$$p_k(x)=\lim_{\Delta x\to 0}\frac{F(x+\Delta x)-F(x)}{\Delta x}$$
$$=\frac{n!}{(k-1)!\,(n-k)!}[F(x)]^{k-1}p(x)[1-F(x+\Delta x)]^{n-k}$$

当 $k=n$ 时即得最大次序统计量的概率密度函数为

$$p_n(x)=np(x)[F(x)]^{n-1}$$

② 代入题中均匀分布的密度函数得

$$f_n(x) = \begin{cases} \dfrac{nx^{n-1}}{\theta^n}, & 0 < x < \theta \\ 0, & \text{其他} \end{cases}$$

因而犯第一类错误的概率为

$$\alpha(\theta) = P(X_{(n)} \leqslant 2.5 \,|\, H_0) = \int_0^{2.5} \frac{nx^{n-1}}{\theta^n} \mathrm{d}x = \left(\frac{2.5}{\theta}\right)^n$$

它是 θ 的严格单调递减函数, 故其最大值在 $\theta = 3$ 处达到, 即

$$\alpha = \alpha(3) = \left(\frac{2.5}{3}\right)^n$$

若要使得 $\alpha(3) \leqslant 0.05$, 则要求 $n\ln\left(\dfrac{2.5}{3}\right) \leqslant \ln 0.05$, 这给出 $n \geqslant 16.43$, 即 n 至少为 17。

第9章 方差分析与回归分析

✏ 1. 为考察某种毒粉的剂量与害虫死亡数之间的关系，取多组（每组25只）作试验，得到以下数据。

剂量 x	4	6	8	10	12	14	16	18
死亡数 y	1	3	6	8	14	16	20	21

（1）画出散点图，并求样本相关系数。

（2）建立一元线性回归模型 $\hat{y} = \hat{a} + \hat{b}x$。

（3）对建立的回归方程作显著性检验，取 $\alpha = 0.05$。若回归效果显著，求 b 的置信水平为 0.95 的置信区间。

（4）求当 $x_0 = 9$ 时，y_0 的预测值和预测区间。

解：（1）散点图如下图所示：

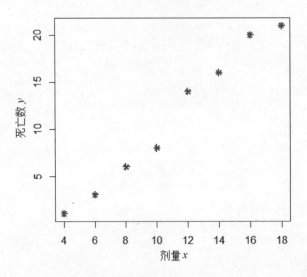

从图中可以看出，y 与 x 明显存在正相关关系。

相关计算如下表所示。

	x	y	x^2	y^2	xy
	4	1	16	1	4
	6	3	36	9	18
	8	6	64	36	48
	10	8	100	64	80

续表

	x	y	x^2	y^2	xy
	12	14	144	196	168
	14	16	196	256	224
	16	20	256	400	320
	18	21	324	441	378
$\sum$	88	89	1 136	1 430	1 240

$$S_{xy}=\sum_{i=1}^{n}(x_i-\overline{x})(y_i-\overline{y})=\sum_{i=1}^{n}x_iy_i-\frac{1}{n}\Big(\sum_{i=1}^{n}x_i\Big)\Big(\sum_{i=1}^{n}y_i\Big)=1\ 240-\frac{1}{8}\times88\times89=261$$

$$S_{xx}=\sum_{i=1}^{n}(x_i-\overline{x})^2=\sum_{i=1}^{n}x_i^2-\frac{1}{n}\Big(\sum_{i=1}^{n}x_i\Big)^2=1\ 136-\frac{1}{8}\times88^2=168$$

$$S_{yy}=\sum_{i=1}^{n}(y_i-\overline{y})^2=\sum_{i=1}^{n}y_i^2-\frac{1}{n}\Big(\sum_{i=1}^{n}y_i\Big)^2=1\ 403-\frac{1}{8}\times89^2=412.875$$

所以相关系数为

$$\mathrm{corr}(x,y)=\frac{\mathrm{cov}(x,y)}{\sqrt{V(x)V(y)}}=\frac{\sum_{i=1}^{n}(x_i-\overline{x})(y_i-\overline{y})}{\sqrt{\sum_{i=1}^{n}(x_i-\overline{x})^2\sum_{i=1}^{n}(y_i-\overline{y})^2}}=\frac{S_{xy}}{\sqrt{S_{xx}S_{yy}}}=\frac{261}{\sqrt{168\times412.875}}\approx0.991$$

（2）一元线性回归模型为

$$Y=a+bx+\varepsilon,\varepsilon\sim N(0,\sigma^2)$$

回归系数的点估计为

$$\hat{b}=\frac{S_{xy}}{S_{xx}}=\frac{261}{168}=1.553\ 57$$

$$\hat{a}=\overline{y}-\hat{b}\overline{x}=\frac{1}{8}\times89-1.553\ 57\times\frac{1}{8}\times88=-5.964\ 27$$

所以线性回归方程为

$$\hat{y}=-5.964+1.554x$$

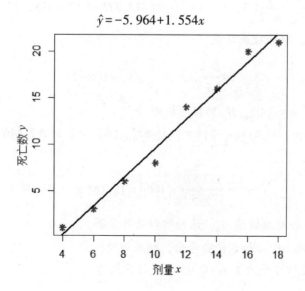

（3）设原假设为

$$H_0 : b = 0$$

方法一：F 检验

平方和分解式 $\qquad\qquad S_T = S_R + S_E$，$f_T = f_R + f_E$

其中，总平方和 $\quad S_T = S_{yy} = \sum_{i=1}^{n} (y_i - \bar{y})^2 = \sum_{i=1}^{n} y_i^2 - \frac{1}{n} \left(\sum_{i=1}^{n} y_i \right)^2$，$f_T = n - 1$

回归平方和 $\qquad\quad S_R = \sum_{i=1}^{n} (\hat{y}_i - \bar{y})^2 = \sum_{i=1}^{n} (\hat{a} + \hat{b} x_i - \bar{y})^2 = \hat{b} S_{xy}$，$f_R = 1$

残差平方和 $\qquad\quad S_E = \sum_{i=1}^{n} (y_i - \hat{y}_i)^2 = \sum_{i=1}^{n} (y_i - \hat{a} - \hat{b} x_i)^2$，$f_e = n - 2$

当原假设 H_0 为真时，取检验统计量

$$F = \frac{S_R}{S_E / (n-2)} \sim F(1, n-2)$$

上述过程的方差分析表如下

来源	平方和	自由度	均方	F 比
回归	$S_R = 405.482\,1$	$f_R = 1$	$MS_R = 405.482\,1$	$F = 329.087$
残差	$S_E = 7.392\,8$	$f_E = 6$	$MS_E = 1.232\,1$	
总计	$S_T = 412.874\,9$	$f_T = 7$		

对于给定的检验水平 $\alpha = 0.05$，H_0 的拒绝域为

$$W = \{ F \geqslant F_{1-\alpha}(1, n-2) \} = \{ F \geqslant F_{0.95}(1, 6) \} = \{ F \geqslant 5.987\,3 \}$$

故 F 落在拒绝域内，拒绝原假设 H_0，认为回归效果显著。

方法二（t 检验）：

参数的点估计为

$$\hat{\sigma}^2 = \frac{Q_e}{n-2} = \frac{1}{n-2} (S_{yy} - \hat{b} S_{xy}) = \frac{1}{8-2} \times (412.875 - 1.553\,57 \times 261) = 1.232$$

当原假设 H_0 为真时，取检验统计量

$$t = \frac{\hat{b} - b}{\hat{\sigma}} \sqrt{S_{xx}} = \frac{\hat{b}}{\hat{\sigma}} \sqrt{S_{xx}} \sim t(n-2)$$

对于给定的检验水平 $\alpha = 0.05$，H_0 的拒绝域为

$$W = \{ |t| \geqslant t_{\frac{\alpha}{2}}(n-2) \} = \{ |t| \geqslant t_{0.025}(6) \} = \{ |t| \geqslant 2.446\,9 \}$$

由样本值得

$$|t| = \left| \frac{1.553\,57}{\sqrt{1.232}} \times \sqrt{168} \right| = 18.141\,8 > 2.446\,9$$

故 t 落在拒绝域内，拒绝原假设 H_0，认为回归效果显著。

由于 $t^2 = F$，因此 t 检验和 F 检验等价，结果一致。

回归系数 b 的置信水平为 $1 - \alpha = 0.95$ 的置信区间为

$$\left[\hat{b}\pm t_{\frac{\alpha}{2}}(n-2)\times\frac{\hat{\sigma}}{\sqrt{S_{xx}}}\right]=\left[1.553\,57\pm\frac{\sqrt{1.232}}{\sqrt{168}}\times2.446\,9\right]=(1.344,1.763)$$

（4）当 $x_0=9$ 时，y_0 的预测值为 $\hat{y}_0=-5.964+1.554\times9=8.022$，预测区间为

$$\left[\hat{y}_0\pm t_{\frac{\alpha}{2}}(n-2)\hat{\sigma}\sqrt{1+\frac{1}{n}+\frac{(x_0-\bar{x})^2}{S_{xx}}}\right]=\left[8.022\pm2.446\,9\times\sqrt{1.232}\times\sqrt{1+\frac{\left(168+8\times\left(9-\frac{88}{8}\right)^2\right)}{8\times168}}\right]$$

$$=(5.11,10.933)$$

2. 营业税税收总额 y 与社会商品零售总额 x 有关，为能从社会商品零售总额预测营业税税收总额，需要了解两者之间的关系，现收集了如下 9 组数据（单位：亿元）。

序号	社会商品零售总额	营业税税收总额
1	142.08	3.93
2	177.30	5.96
3	204.68	7.85
4	242.68	9.82
5	316.24	12.50
6	341.99	15.55
7	332.69	15.79
8	389.29	16.39
9	453.40	18.45

（1）建立一元线性回归方程，并作显著性检验（取 $\alpha=0.05$）。

（2）若已知某年社会商品零售总额为 300 亿元，试给出营业税税收总额的概率为 0.95 的预测区间。

解：（1）由已知可以算出

$$\bar{x}=288.93,\ \bar{y}=11.80,\ \sum_{i=1}^{9}x_i=2\,600.37,\ \sum_{i=1}^{9}y_i=106.24$$

$$\sum_{i=1}^{9}x_i^2=837\,175.30,\ \sum_{i=1}^{9}y_i^2=1\,465.43,\ \sum_{i=1}^{9}x_iy_i=34\,874.75$$

$$S_{xx}=\sum_{i=1}^{n}x_i^2-\frac{1}{n}\left(\sum_{i=1}^{n}x_i\right)^2=85\,861.95$$

$$S_{xy}=\sum_{i=1}^{n}x_iy_i-\frac{1}{n}\left(\sum_{i=1}^{n}x_i\right)\left(\sum_{i=1}^{n}y_i\right)=4\,179.06$$

$$S_{yy}=\sum_{i=1}^{n}y_i^2-\frac{1}{n}\left(\sum_{i=1}^{n}y_i\right)^2=211.33$$

因此
$$\hat{\beta}_1=\frac{S_{xy}}{S_{xx}}=\frac{34\,874.75-\frac{1}{9}\times2\,600.37\times106.34}{837\,175.30-\frac{1}{9}\times2\,600.37^2}=0.048\,7$$

$$\hat{\beta}_0=\bar{y}-\hat{\beta}_1\bar{x}=11.80-0.048\,7\times288.93=-2.26$$

y 对 x 的经验回归方程为

$$\hat{y} = -2.26 + 0.048\,7x$$

接下来作显著性检验。

方法一（t 检验）：

在 $\alpha = 0.05$ 时检验

$$H_0: \beta_1 = 0; H_1: \beta_1 \neq 0$$

取统计量

$$T = \frac{\hat{\beta}_1}{\hat{\sigma}}\sqrt{S_{xx}} \sim t(n-2)$$

检验的拒绝域为

$$W = \{\,|t| \geqslant t_{\alpha/2}(n-2) = 2.365\,\}$$

由题可以算得

$$\hat{\sigma}^2 = \frac{Q_e}{n-2} = \frac{1}{n-2}(S_{yy} - \hat{b}S_{xy}) = 1.115\,5$$

由于

$$|t| = \left|\frac{0.048\,7}{1.115\,5}\right|\sqrt{85\,861.95} = 12.79 > 2.365$$

落在拒绝域内，拒绝原假设 H_0，认为 β_1 不等于零，认为回归直线是显著的。

方法二（F 检验）：

假设

$$H_0: \beta_1 = 0; H_1: \beta_1 \neq 0$$

取统计量

$$F = \frac{S_R}{S_e/(n-2)} \sim F(1, n-2)$$

检验的拒绝域为

$$W = \{f \geqslant F_{1-\alpha}(1, n-2) = 5.59\}$$

$$S_R = \hat{\beta}_1^2 \times l_{xx} = (0.048\,7)^2 \times 86\,861.95 = 203.64$$

$$S_T = S_{yy} = 211.33$$

$$S_e = S_T - S_R = 211.33 - 203.64 = 7.69$$

由于

$$F = \frac{S_R}{S_e/(n-2)} = \frac{203.64}{7.69/7} = 185.36 \geqslant 5.59$$

落在拒绝域内，拒绝原假设 H_0，认为 β_1 不等于零，认为回归直线是显著的。

方法三（相关系数检验）：

假设

$$H_0: \rho = 0; \quad H_1: \rho \neq 0$$

取统计量

$$r = \frac{l_{xy}}{\sqrt{l_{xx}}\sqrt{l_{yy}}}$$

检验的拒绝域为

$$W = \{|r| \geqslant r_{1-\alpha}(n-2) = 0.666\}$$

由于

$$R = \frac{l_{xy}}{\sqrt{l_{xx}}\sqrt{l_{yy}}} = \frac{4\,179.06}{\sqrt{85\,861.95} \times \sqrt{211.328\,4}} = 0.98 \geqslant 0.666$$

落在拒绝域内，拒绝原假设 H_0，认为 β_1 不等于零，认为回归直线是显著的。

（2）当 $x_0 = 300$ 时，y_0 的预测值为 $\hat{y}_0 = \hat{\beta}_0 + \hat{\beta}_1 x_0 = -2.26 + 0.048\,7 \times 300 = 12.35$，预测区间为

$$\left[\hat{y}_0 \pm t_{\alpha/2}(n-2)\hat{\sigma}\sqrt{1 + \frac{1}{n} + \frac{(x_0 - \bar{x})^2}{S_{xx}}} \right]$$

$$= \left[12.35 \pm 2.365 \times 1.117 \times \sqrt{1 + \frac{1}{9} + \frac{(300 - 288.93)^2}{85\,850.395}} \right]$$

$$= [9.688, 14.999]$$

3. 某养猪场估算猪的重量，测得 14 头猪的体长 $x_1(\mathrm{cm})$，胸围 $x_2(\mathrm{cm})$ 与体重 $y(\mathrm{kg})$ 数据如表，试建立 y 与 x_1 及 x_2 的预测方程。

序号	体长（x_1）	胸围（x_2）	体重（y）
1	41	49	28
2	45	58	39
3	51	62	41
4	52	71	44
5	59	62	43
6	62	74	50
7	69	71	51
8	72	74	57
9	78	79	63
10	80	84	66
11	90	85	70
12	92	94	76
13	98	91	80
14	103	95	81

解：方法一：

$\bar{x}_1 = 70.86$，$\bar{x}_2 = 74.93$，$\bar{y} = 56.57$，$n = 14$，

$$s_{11} = \sum_{k=1}^{14}(x_{k1} - \bar{x}_1)^2 = 5\,251.7$$

$$s_{21} = s_{12} = \sum_{k=1}^{14} (x_{k1} - \bar{x}_1)(x_{k2} - \bar{x}_2) = 3\,499.9$$

$$s_{22} = \sum_{k=1}^{14} (x_{k2} - \bar{x}_2)^2 = 2\,550.9$$

$$s_{1y} = \sum_{k=1}^{14} (x_{k1} - \bar{x}_1)(y_k - \bar{y}) = 4\,401.1$$

$$s_{2y} = \sum_{k=1}^{14} (x_{k2} - \bar{x}_2)(y_k - \bar{y}) = 3\,036.6$$

于是正规方程组为
$$\begin{cases} 5\,251.7b_1 + 3\,499.9b_2 = 4\,401.1 \\ 3\,499.9b_1 + 2\,550b_2 = 3\,036.6 \end{cases}$$

解此方程得

$b_1 = 0.522$, $b_2 = 0.475$, 又

$$b_0 = \bar{y} - b_1 \bar{x}_1 - b_2 \bar{x}_2 = -16.011$$

因此所求预测回归方程为

$$\hat{y} = -16.011 + 0.522x_1 + 0.475x_2$$

方法二:

本题中所涉及的回归模型可以表示为以下形式:
$$Y = b_0 + b_1 x_1 + b_2 x_2 + \varepsilon, \quad \varepsilon \sim \mathrm{N}(0, \sigma^2)$$

参数的估计 (代入题目中数据)

$$Y = \begin{pmatrix} y_1 = 28 \\ y_2 = 39 \\ y_3 = 41 \\ \vdots \\ y_{14} = 81 \end{pmatrix}, \quad X = \begin{pmatrix} 1 & 41 & 49 \\ 1 & 45 & 58 \\ 1 & 51 & 62 \\ \vdots & \vdots & \vdots \\ 1 & 103 & 95 \end{pmatrix}, \quad B = \begin{pmatrix} b_0 \\ b_1 \\ b_2 \end{pmatrix}$$

回归模型可以写为

$$Y = XB + \varepsilon$$

正规方程组为 $X^{\mathrm{T}}XB = X^{\mathrm{T}}Y$。参数的估计为

$$\hat{B} = (X^{\mathrm{T}}X)^{-1}X^{\mathrm{T}}Y$$

所以此题中二元线性回归方程为

$$\hat{y} = \hat{b}_0 + \hat{b}_1 x_1 + \hat{b}_2 x_2$$

代入数据解出 $\hat{B}$ 的值即可, 经计算有

$$\hat{B} = \begin{pmatrix} \hat{b}_0 \\ \hat{b}_1 \\ \hat{b}_2 \end{pmatrix} = \begin{pmatrix} -15.365 \\ 0.491\,6 \\ 0.492\,3 \end{pmatrix}$$

所以

$$\hat{y} = -15.365 + 0.491\,6x_1 + 0.492\,3x_2$$

此结果与方法一中的结果基本一致。

4. 为考察某种维尼龙纤维的耐水性能，安排了一组试验，测得其甲醇浓度 x 及相应的缩醇化度 y 数据如下。

x	18	20	22	24	26	28	30
y	26.86	28.35	28.75	28.87	29.75	30.00	30.36

(1) 作散点图。
(2) 求样本相关系数。
(3) 建立一元线性回归方程。
(4) 对建立的回归方程作显著性检验（$\alpha=0.01$）。
(5) 求当 $x_0=25$ 时，y_0 的预测值和预测空间（置信度为 0.99）。

解：（1）散点图如下，y 有随着 x 的增加而增加的趋势。

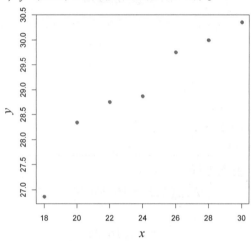

(2) 由样本数据可以算得

$$\sum_{i=1}^{n} x_i = 18+20+22+24+26+28+30 = 168$$

$$\sum_{i=1}^{n} y_i = 26.86+28.35+28.75+28.87+29.75+30.00+30.36 = 202.94$$

$$l_{xx} = \sum_{i=1}^{n} (x_i-\overline{x})^2 = 112$$

$$l_{yy} = \sum_{i=1}^{n} (y_i-\overline{y})^2 = 8.4931$$

$$l_{xy} = \sum_{i=1}^{n} (x_i-\overline{x})^2 (y_i-\overline{y})^2 = 29.6$$

因此样本相关系数：

$$r = \frac{l_{xy}}{\sqrt{l_{xx} \cdot l_{yy}}} = \frac{29.6}{\sqrt{112 \times 8.4931}} = 0.9597$$

(3) 应用最小二乘法估计公式：

$$\hat{\beta}_1 = \frac{l_{xy}}{l_{xx}} = \frac{29.6}{112} = 0.2643$$

$$\hat{\beta}_0 = \bar{y} - \hat{\beta}_1\bar{x} = 22.648\ 6$$

因此，一元线性回归方程为

$$\hat{y} = 22.648\ 6 + 0.264\ 3x$$

（4）**方法一**：利用 F 检验对回归方程作显著性检验

在 $\alpha = 0.01$ 时检验

$$H_0: \beta_1 = 0;\ H_1: \beta_1 \neq 0$$

取检验统计量 $F = \dfrac{S_R}{S_e/(n-2)} \sim F(1, n-2)$，检验的拒绝域为

$$F \geqslant F_{1-\alpha}(1, n-2)$$

首先计算几个平方和：

$$S_T = l_{yy} = 8.493\ 1$$

$$S_R = \hat{\beta}_1^2\, l_{xx} = 0.264\ 3^2 \times 112 = 7.822\ 9$$

$$S_e = S_T - S_R = 0.670\ 2$$

将各平方和移入方差分析表，继续计算，可以得到：

来源	平方和	自由度	均方	F 比
回归	7.822 9	1	7.822 9	58.36
残差	0.670 2	5	0.134 0	
总计	8.493 1	6		

由题可知，$\alpha = 0.01$，查表可得

$$F_{0.99}(1,5) = 16.26 < 58.36$$

因此，拒绝域为

$$W = \{F \geqslant 16.26\}$$

显然检验统计量 $F = 58.36 \geqslant 16.26$，落入拒绝域，拒绝原假设 H_0，认为 β_1 不等于 0，回归方程显著的。

方法二：利用 t 检验对回归方程作显著性检验。

在 $\alpha = 0.01$ 时检验

$$H_0: \beta_1 = 0;\ H_1: \beta_1 \neq 0$$

取检验统计量 $T = \dfrac{\hat{\beta}_1}{\hat{\sigma}}\sqrt{l_{xx}} \sim t(n-2)$，检验的拒绝域为

$$|t| \geqslant t_{\frac{\alpha}{2}}(n-2) = 4.032\ 1$$

由题可算得

$$\hat{\sigma} = \sqrt{\frac{S_e}{n-2}} = \sqrt{\frac{0.670\ 2}{5}} = 0.366\ 1$$

$$|t| = \left|\frac{0.264\ 3}{0.366\ 1} \times \sqrt{112}\right| = 7.640\ 2$$

显然 $|t| = 7.640\ 2 > 4.032\ 1$，落入拒绝域，拒绝原假设 H_0，认为 β_1 不等于 0. 回归方程显著的。

方法三：利用"相关系数检验"对回归方程作显著性检验。

在 $\alpha = 0.01$ 时检验

$$H_0:\rho=0;\ H_1:\rho\neq0$$

所用的检验统计量为样本相关系数

$$r=\frac{\sum(x_i-\bar{x})(y_i-\bar{y})}{\sqrt{\sum(x_i-\bar{x})^2\sum(y_i-\bar{y})^2}}=\frac{l_{xy}}{\sqrt{l_{xx}l_{yy}}}$$

检验的拒绝域为

$$W=\{|r|\geqslant r_{1-\alpha}(n-2)\}$$

因此，可以计算得

$$r=\frac{29.6}{\sqrt{112\times8.4931}}=0.9597$$

若取 $\alpha=0.01$，查表得，$r_{0.99}(5)=0.874$，由于 $r=0.9597>0.874$，落入拒绝域，拒绝原假设 H_0，认为 ρ 不等于 0。回归方程显著。

（5）当 $x_0=25$ 时，y_0 的预测值为

$$\hat{y}_0=\hat{\beta}_0+\hat{\beta}_1x=22.6486+0.2643\times25=29.2561$$

利用 F 检验对回归方程作显著性检验时，$\hat{\sigma}^2=S_e/(n-2)$ 是 σ^2 的无偏估计，因此

$$\hat{\sigma}=\sqrt{\frac{S_e}{n-2}}=0.3661$$

而预测空间中的 δ 的表达式为

$$\delta=\delta(x)=t_{1-\frac{\alpha}{2}}(n-2)\hat{\sigma}\times\sqrt{1+\frac{1}{n}+\frac{(x_0-\bar{x})^2}{l_{xx}}}$$
$$=4.0321\times0.3661\times\sqrt{1+\frac{1}{7}+\frac{(25-24)^2}{112}}$$
$$=1.5842$$

因此，当 $x_0=25$ 时，y_0 的预测空间为 $[29.2561-1.5842,29.2561+1.5842]=[27.6719,30.8403]$。

5. 火灾损失 y 与距消防站距离 x 有关，为了解两者之间的关系，现收集了以下 15 组数据。

	x	y
1	0.70	14.10
2	1.10	17.30
3	1.80	17.80
4	2.10	24.00
5	2.30	23.10
6	2.60	19.60
7	3.00	22.30
8	3.10	27.50

	x	y
		续表
9	3.40	26.20
10	3.80	26.10
11	4.30	31.30
12	4.60	31.30
13	4.80	36.40
14	5.50	36.00
15	6.10	43.20

（1） 建立一元线性回归方程。

（2） 对建立的回归方程作显著性检验。

解：（1） 最小二乘估计：

$$\bar{x} = \frac{49.2}{15} = 3.28, \ \bar{y} = \frac{396.2}{15} = 26.413$$

$$l_{xx} = \sum_{i=1}^{n} x_i^2 - n\,(\bar{x})^2 = 196.16 - 15x \cdot 3.28^2 = 34.784$$

$$l_{xy} = \sum_{i=1}^{n} x_i y_i - n\bar{x}\bar{y} = 1\,470.65 - 1\,299.536 = 171.114$$

由最小二乘估计得

$$\hat{\beta}_1 = \frac{l_{xy}}{l_{xx}} = \frac{171.114}{34.784} = 4.919$$

$$\hat{\beta}_0 = \bar{y} - \hat{\beta}_1 \bar{x} = 26.413 - 4.919 \times 3.28 = 10.279$$

于是回归方程为： $\hat{y} = 10.279 + 4.919x$

（2） 回归方程的显著性检验：

记 $y_i = \hat{\beta}_0 + \hat{\beta}_1 x_i$ 为 x_i 处的回归值，又称 $y_i - \hat{y}_i$ 为 x_i 处的残差。

在显著性水平 $\alpha = 0.05$ 时检验

$$H_0 : \beta_1 = 0; \ H_1 : \beta_1 \neq 0$$

① F 检验：

总偏差平方和

$$S_T = l_{yy} = \sum (y_i - \bar{y})^2 = 911.517$$

回归平方和

$$S_R = \sum (\hat{y}_i - \bar{y})^2 = 841.653$$

残差平方和

$$S_e = \sum (y_i - \hat{y}_i)^2 = 69.751$$

取检验统计量

$$F = \frac{S_R}{S_e/(n-2)} = 12.067$$

在 $\beta_1 = 0$ 时，$F \sim F(1,13)$，对于给定的显著性水平 $\alpha = 0.05$，其拒绝域为

$$\{F \geqslant F_{1-\alpha}(1,13) = 4.70\}$$

F 落入拒绝域内，故拒绝原假设，在显著性水平为 0.05 下认为回归方程是显著的。

② t 检验。

取检验统计量

$$t = \frac{\hat{\beta}_1}{\hat{\sigma}/\sqrt{l_{xx}}}$$

其中

$$\hat{\sigma} = \sqrt{S_e/n-2} = 2.316$$

则

$$t = 12.525$$

取 $\alpha = 0.05$，则 $t_{0.975}(13) = 2.1604$，拒绝域为

$$\{|t| > t_{1-\alpha/2}(n-2) = 2.1604\}$$

t 落入拒绝域，故拒绝原假设，在显著性水平为 0.05 下认为回归方程是显著的。

③ 相关系数检验。

显著性检验还可通过对二维总体相关系数 ρ 的检验进行。

在显著性水平 $\alpha = 0.05$ 时检验

$$H_0: \rho = 0; \quad H_1: \rho \neq 0$$

所用检验统计量为

$$r = \frac{\sum (x_i - \bar{x})(y_i - \bar{y})}{\sqrt{\sum (x_i - \bar{x})^2 \sum (y_i - \bar{y})^2}} = \frac{l_{xy}}{\sqrt{l_{xx} l_{yy}}}$$

由样本相关系数的性质可知，原假设的拒绝域为 $W = \{|r| \geqslant c\}$，下面求 r 的分布。

由样本相关系数的定义可以得到统计量 r 与 F 之间的关系

$$r^2 = \frac{F}{F+n-2}$$

故可得

$$c = r_{1-\alpha}(n-2) = \sqrt{\frac{F_{1-\alpha}(1, n-2)}{F_{1-\alpha}(1, n-2) + n - 2}}$$

查表知 $F_{0.95}(1,13) = 4.70$，于是

$$c = r_{0.95}(13) = 0.515$$

拒绝域为

$$W = \{|r| \geqslant 0.515\}$$

算得本题数据的样本相关系数为

$$r = \frac{171.114}{\sqrt{34.784 \times 911.517}} = 0.961$$

落入拒绝域，故拒绝原假设，在显著性水平为 0.05 下认为回归方程是显著的。

6. 为对两个行业的服务质量进行评价，消费者协会在旅游业和航空公司分别抽取了 5 家不同的企业作为样本。每个行业中所抽取的企业，假定他们在服务对象、服务内容、企业规模等方面基本是相同的。统计出最近一年来消费者对这 10 家企业的投诉次数，结果如下表所示。

投诉次数	
旅游业	航空公司
68	31
39	49
29	21
45	34
56	40

解：**方法一**（方差分析法）：

建立假设 $H_0:\mu_1=\mu_2$；$H_1:\mu_1\neq\mu_2$

用 Excel 进行单因素方差分析的计算得到结果如下。

方差分析：单因素方差分析

SUMMARY

组	观测数	求和	平均	方差
列 1	5	237	47.4	228.3
列 2	5	175	35	108.5

方差分析

差异源	SS	df	MS	F	P-value	F crit
组间	384.4	1	384.4	2.28266	0.169273	5.317655
组内	1347.2	8	168.4			
总计	1731.6	9				

由上表得 $F(1,8)=5.317655$。

$F=2.28266<F(1,8)=5.317655$，所以接受原假设，认为这两个行业中，被投诉次数的差异不显著。

方法二（P 值法）：

运用上表得到的 P 值进行检验，$P=0.169273>\alpha=0.05$，因此接受原假设。

方法三（双样本 t 检验）：

在正态总体方差相等的条件下，两均值的比较还可以用双样本的 t 检验。检验统计量为

$$t=\frac{\overline{y}_1-\overline{y}_2}{S_w\sqrt{\frac{1}{m_1}+\frac{1}{m_2}}}\sim t(m_1+m_2-2)$$

$$S_w^2=\frac{1}{m_1+m_2-2}\Big[\sum_{j=1}^{m_1}(y_{1j}-\overline{y}_1)^2+\sum_{j=1}^{m_2}(y_{2j}-\overline{y}_2)^2\Big]$$

经计算

$$S_w^2 = \frac{1}{8} \times [913.2 + 434] = 168.4$$

$$S_w = 12.9769$$

$$t = \frac{12.4}{8.207314} = 1.510848$$

经查表

$$t_{0.025}(8) = 2.306$$

$|t| < t_{0.025}(8)$，因此接受原假设，认为这两个行业中，被投诉次数的差异不显著。

方法四 [非配对试验资料的秩和检验（Wilcoxon 非配对法）]：

建立假设 H_0：旅游业样本所在的总体中位数 = 航空公司样本所在的总体中位数；

　　　　　H_1：旅游业样本所在的总体中位数 ≠ 航空公司样本所在的总体中位数

行业			
旅游业	秩次	航空公司	秩次
68	10	31	3
39	5	49	8
29	2	21	1
45	7	34	4
56	9	40	6
$n_1 = 5$	$W_1 = 33$	$n_2 = 5$	$W_2 = 22$

经查表得 $W'_{0.05} \sim W_{0.05} = 17 \sim 38$，即 W_1 和 W_2 均在该范围内，因此不能拒绝原假设，即认为两行业被投诉次数无显著差异。

> 7. 某粮食加工厂试验三种储藏方法对粮食含水量有无显著影响。现取一批粮食分为若干份，分别用三种不同的方法储藏，过一段时间后测得的含水率如下表。
>
> | 储藏方法 | 含水率数据 | | | | |
> |---|---|---|---|---|---|
> | A_1 | 7.3 | 8.3 | 7.6 | 8.4 | 8.3 |
> | A_2 | 5.4 | 7.4 | 7.1 | 6.8 | 5.3 |
> | A_3 | 7.9 | 9.5 | 10.0 | 9.8 | 8.4 |
>
> 假定各种方法储藏的粮食的含水率服从正态分布，且方差相等，试在 $\alpha = 0.05$ 下检验这三种方法对含水率有无显著影响。

解：

方法一：单因子方差分析法

（a）计算各个和。

对 A_1 水平有：$T_1 = 7.3 + 8.3 + 7.6 + 8.4 + 8.3 = 39.9$

对 A_2 水平有：$T_2 = 5.4 + 7.4 + 7.1 + 6.8 + 5.3 = 32$

对 A_3 水平有：$T_3 = 7.9 + 9.5 + 10.0 + 9.8 + 8.4 = 45.6$

因此有总和 $T = T_1 + T_2 + T_3 = 39.9 + 32 + 45.6 = 117.5$

（b）计算各个平方和。

$$T_1^2 = 39.9^2 = 1\,592.01, \qquad \sum_{j=1}^{5} y_{1j}^2 = 7.3^2 + 8.3^2 + 7.6^2 + 8.4^2 + 8.3^2 = 319.39$$

$$T_2^2 = 32^2 = 1\,024, \qquad \sum_{j=1}^{5} y_{2j}^2 = 5.4^2 + 7.4^2 + 7.1^2 + 6.8^2 + 5.3^2 = 208.66$$

$$T_3^2 = 45.6^2 = 2\,079.36, \qquad \sum_{j=1}^{5} y_{3j}^2 = 7.9^2 + 9.5^2 + 10.0^2 + 9.8^2 + 8.4^2 = 419.26$$

因此有：$\sum_{i=1}^{3} T_i^2 = 1\,592.01 + 1\,024 + 2\,079.36 = 4\,965.37$

$$\sum_{i=1}^{3}\sum_{j=1}^{5} y_{ij}^2 = 319.39 + 208.66 + 419.26 = 947.31$$

$$S_r = \sum_{i=1}^{3}\sum_{j=1}^{5} y_{ij}^2 - \frac{T^2}{n} = 947.31 - \frac{117.5^2}{3\times5} = 26.893, \quad f_r = n-1 = 14$$

$$S_A = \frac{1}{m}\sum_{i=1}^{r} T_i^2 - \frac{T^2}{n} = \frac{4\,695.37}{5} - \frac{117.5^2}{3\times5} = 18.657, \quad f_A = r-1 = 2$$

$S_e = S_r - S_A = 8.236, \quad f_e = 14-2 = 12$

（c）方差分析表如下：

来源	平方和	自由度	均方	F 比
因子 A	18.657	2	9.329	13.599
误差 e	8.236	12	0.686	
总计	26.893	14		

其中：均方 $\mathrm{MS}_A = S_A/f_A$，$\mathrm{MS}_e = S_e/f_e$。则 $F = \dfrac{\mathrm{MS}_A}{\mathrm{MS}_e} \sim F(f_A, f_e)$。在本题中 $F = 9.329/0.686 = 13.599$。

在显著性水平 $\alpha = 0.05$ 下，查表可得 $F_{0.95}(2,12) = 3.89$。故拒绝域为 $W = \{F \geq 3.89\}$，由于 $F = 13.599 > 3.89$，我们可认为因子 A（储藏方法）是显著的，即三种不同储藏方法对粮食的含水率有显著影响。

方法二（多重比较重复数相等场合的 T 法）：

因为各水平下试验次数相同，故可用重复数相等场合的 T 法。

由第一种方法可得，$r=3$，$f_e=12$

则可求

$$\hat{\sigma} = \sqrt{0.686} = 0.828 \ （误差的标准差）$$

$$q_{1-\alpha}(r, f_e) = q_{0.95}(3,12) = 3.77$$

$$\begin{cases} 因此\ c\ （临界值）= 3.77 \times \dfrac{0.828}{\sqrt{5}} = 1.396 \\[2mm] \bar{y}_{1.} = \dfrac{T_1}{m} = \dfrac{39.9}{5} = 7.98 \\[2mm] \bar{y}_{2.} = \dfrac{T_2}{m} = \dfrac{32}{5} = 6.4 \\[2mm] \bar{y}_{3.} = \dfrac{T_3}{m} = \dfrac{45.6}{5} = 9.12 \end{cases}$$

因此求解有：

$|\bar{y}_{1.}-\bar{y}_{2.}|=|7.98-6.4|=1.58>1.396$，因此可认为 μ_1 和 μ_2 有显著差别；

$|\bar{y}_{1.}-\bar{y}_{3.}|=|7.98-9.12|=1.14<1.396$，因此可认为 μ_1 和 μ_3 无显著差别；

$|\bar{y}_{3.}-\bar{y}_{2.}|=|9.12-6.4|=2.72>1.396$，因此可认为 μ_3 和 μ_2 有显著差别。

故总结有：第一种储藏方法和第三种储藏方法对粮食的含水率无显著差别，但它们都与第二种储藏方法有显著差别，因此这三种方法必然对粮食的含水率有显著影响。

方法三（多重比较重复数不同场合的 S 法）：

S 法用于重复数不同场合的多重比较，但重复数相同可被看作是 S 法里的一种特殊情况。临界值 c_{ij} 要分开进行求解。所需值均由前两种方法中的计算可得，c_{ij} 的求解公式如下：

$$c_{ij}=\sqrt{(r-1)F_{1-\alpha}(r-1,f_e)\left(\frac{1}{m_i}+\frac{1}{m_j}\right)\hat{\sigma}^2}$$

查表可得，$F_{0.95}(2,12)=3.89$。有

$$c_{12}=c_{13}=c_{23}=\sqrt{2\times3.89\times\left(\frac{1}{5}+\frac{1}{5}\right)\times0.686}=1.461$$

因此求解有：

$|\bar{y}_{1.}-\bar{y}_{2.}|=|7.98-6.4|=1.58>1.461$，因此可认为 μ_1 和 μ_2 有显著差别；

$|\bar{y}_{1.}-\bar{y}_{3.}|=|7.98-9.12|=1.14<1.461$，因此可认为 μ_1 和 μ_3 无显著差别；

$|\bar{y}_{3.}-\bar{y}_{2.}|=|9.12-6.4|=2.72>1.461$，因此可认为 μ_3 和 μ_2 有显著差别.

故总结有：第一种储藏方法和第三种储藏方法对粮食的含水率无显著差别，但它们都与第二种储藏方法有显著差别，因此这三种方法必然对粮食的含水率有显著影响。与方法二得到的结论相同。

方法四（置信区间法）：

每种水平含水率的均值已由方法二给出，误差 e 的标准差 $\hat{\sigma}=\sqrt{0.686}=0.828$。

$\frac{\alpha}{2}=0.05\div2=0.025$，则 $t_{1-\frac{\alpha}{2}}(n-r)=t_{1-\frac{\alpha}{2}}(f_e)=t_{0.975}(12)=2.1788$。

$$\therefore \frac{\hat{\sigma}t_{1-\frac{\alpha}{2}}(f_e)}{\sqrt{m}}=\frac{0.828\times2.1788}{\sqrt{5}}=0.807$$

因此三个水平均值的 0.95 的置信区间分别为

$$\mu_1:\left[\bar{y}_{1.}-\frac{\hat{\sigma}t_{1-\frac{\alpha}{2}}(f_e)}{\sqrt{m}},\bar{y}_{1.}+\frac{\hat{\sigma}t_{1-\frac{\alpha}{2}}(f_e)}{\sqrt{m}}\right]=[7.98-0.807,7.98+0.807]=[7.173,8.787]$$

$$\mu_2:\left[\bar{y}_{2.}-\frac{\hat{\sigma}t_{1-\frac{\alpha}{2}}(f_e)}{\sqrt{m}},\bar{y}_{2.}+\frac{\hat{\sigma}t_{1-\frac{\alpha}{2}}(f_e)}{\sqrt{m}}\right]=[6.4-0.807,6.4+0.807]=[5.593,7.207]$$

$$\mu_3:\left[\bar{y}_{3.}-\frac{\hat{\sigma}t_{1-\frac{\alpha}{2}}(f_e)}{\sqrt{m}},\bar{y}_{3.}+\frac{\hat{\sigma}t_{1-\frac{\alpha}{2}}(f_e)}{\sqrt{m}}\right]=[9.12-0.807,9.12+0.807]=[8.313,9.927]$$

由它们的置信区间可以看出三种不同储藏方法对粮食的含水率有显著影响，且其中第三种储藏方法含水率最高，但由于不同粮食对含水率要求不同，比如水果要求含水率高比较好，但干果之类则希望含水率越低越好，因此无法通过置信区间直接判断哪种方法最优。